高等职业教育电子信息类专业系列教材

Web
前端开发技术

主　编◎张　娅　钱新杰

副主编◎杨章琼　朱秀娟　胡桂香
　　　　罗金梅　代钰琴

中国轻工业出版社

图书在版编目（CIP）数据

Web 前端开发技术/张娅，钱新杰主编. —北京：中国轻
工业出版社，2021.2
高等职业教育电子信息类专业系列教材
ISBN 978-7-5184-3218-9

Ⅰ.①W… Ⅱ.①张… ②钱… Ⅲ.①网页制作工具—
高等职业教育—教材 Ⅳ.①TP393. 092. 2

中国版本图书馆 CIP 数据核字（2020）第 190579 号

责任编辑：张文佳 宋 博
策划编辑：张文佳 责任终审：李建华 封面设计：锋尚设计
版式设计：砚祥志远 责任校对：吴大鹏 责任监印：张 可

出版发行：中国轻工业出版社（北京东长安街 6 号，邮编：100740）
印 刷：三河市国英印务有限公司
经 销：各地新华书店
版 次：2021 年 2 月第 1 版第 1 次印刷
开 本：787×1092 1/16 印张：17
字 数：380 千字
书 号：ISBN 978-7-5184-3218-9 定价：55.00 元
邮购电话：010-65241695
发行电话：010-85119835 传真：85113293
网 址：http://www.chlip.com.cn
Email：club@ chlip.com.cn
如发现图书残缺请与我社邮购联系调换
200287J2X101ZBW

前　言

Preface

随着互联网技术的发展和 Web2.0 时代带来的信息与网络革命，标准化的设计方式正逐渐取代传统的布局方式，Web 网页开发标准最大的变化是采用 HTML＋CSS＋JavaScript 技术，将网页的内容、外观样式和动态效果分离，减少代码量，便于代码的分工设计和代码重用。

本教材采用"项目驱动式"的教学方式，将理论知识和实际案例相结合，采用通俗易懂的语言详细介绍了使用 HTML、CSS 及 JavaScript 进行网页制作的知识点和技巧。本书的特色是结合知识点精心设计了相关案例，将基础知识巧妙地融入案例中，使读者在实现案例效果的同时，不知不觉地掌握基础知识。

本教材以项目化的方式进行讲解，共分为 12 个项目，接下来分别对每个项目进行简单的介绍。

项目一、项目二主要介绍 HTML 网页的基础知识，通过本项目的学习，读者可以简单认识网页，了解 HTML，熟悉 Dreamweaver 工具的基本操作，掌握网站和网页的创建。要求初学者掌握 HTML 文档的基本格式，能够正确书写简单规范的 HTML 网页代码，掌握表单控件的属性设置。

项目三至项目七主要为 CSS 基础，这部分内容是网页制作的核心。只有掌握好这部分内容，才能在以后的网页制作过程中随意地控制各种网页元素。

项目八为网页制作过程中常用的表格和几种常见框架。

项目九、项目十主要讲解 JavaScript 基础和事件处理。掌握 JavaScript 内容，能帮助读者更好地实现网页的交互效果。

在学习过程中，读者一定要亲自实践教材中的案例代码，要多思考，厘清思路，认真分析问题发生的原因，并在问题得到解决后多总结，如此方能提高对 Web 前端开发技术的认识并真正达到学以致用。

编　者

目　录

Contents

项目 1　HTML 基础概念 1

　1.1　初识网页 1

　1.2　文本编辑 10

项目 2　HTML 表单 17

　2.1　简单的网页 17

　2.2　用户登录界面 23

项目 3　浮动与定位 29

　3.1　浮动 29

　3.2　常规页面布局 34

　3.3　定位 49

项目 4　图像与超链接 61

　4.1　插入图像 61

　4.2　超链接 64

项目 5　列表与超链接 69

　5.1　个人主页列表 69

　5.2　手机展示 77

　5.3　列表菜单 84

　5.4　网页下拉菜单列表 92

　5.5　学习网页菜单 97

项目 6　CSS 基础 105

　6.1　古诗欣赏 105

　6.2　爆款特卖商品页面 114

6.3　商品抢购页面 ……………………………………………………………… 125

项目 7　CSS 盒子模型 ……………………………………………………… 137

7.1　购物商城产品规格效果 ………………………………………………… 137

7.2　用户中心 ………………………………………………………………… 149

7.3　实现登录页面插入背景图片 …………………………………………… 155

7.4　实现购物商城分类板块 ………………………………………………… 162

项目 8　表格与框架 ………………………………………………………… 168

8.1　表格 ……………………………………………………………………… 168

8.2　框架 ……………………………………………………………………… 173

项目 9　JavaScript 基础 …………………………………………………… 182

9.1　显示卡通图片 …………………………………………………………… 182

9.2　下拉菜单 ………………………………………………………………… 209

项目 10　JavaScript 事件处理 …………………………………………… 225

10.1　限时秒杀 ………………………………………………………………… 225

10.2　简单的计算器 …………………………………………………………… 240

10.3　简单注册验证 …………………………………………………………… 251

参考文献 ……………………………………………………………………… 263

项目1　HTML基础概念

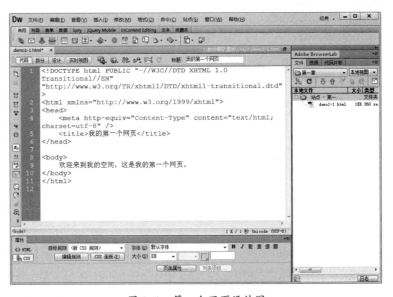

学习目标

- 了解网页的构成，理解网站和网页的含义。
- 熟悉 Dreamweaver 工具的基本操作，掌握网站和网页的创建。
- 掌握 HTML 文档的基本格式，能够正确书写简单规范的 HTML 网页代码。
- 掌握 HTML 标题标记、段落标记和文字标记的应用，可以合理使用它们定义网页元素。
- 掌握 HTML 水平线标记的应用，可以合理设置水平线标记的属性。

　　HTML 是制作网页的基础语言，是初学者必学的内容。虽然现在有许多所见即所得的网页制作工具，但是这些工具生成的代码仍然是以 HTML 为基础的，因此学习 HTML 代码对设计网页非常重要。

1.1　初识网页

1.1.1　案例描述

　　利用 Dreamweaver 工具建立第一个站点，并创建第一个网页，设计图如图 1-1 所示。

图 1-1　第一个网页设计图

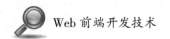

1.1.2　知识引入

（1）认识网页

为了让初学者更好地认识网页，了解网页的构成，首先来看一下某职业技术学院官方网站的首页。打开 IE 浏览器，在地址栏中输入 http：//www.ybzy.cn，按下回车键或按"转至"按钮，此时浏览器窗口中将显示某职业技术学院首页的内容，如图 1-2 所示。

图 1-2　某职业技术学院首页效果图

由图 1-2 可以看到，一个网页中的内容主要包括图片、文字、音频、视频、动画等内容。为便于后期代码学习，在浏览器窗口中单击鼠标右键，选择"查看源文件"，即可弹出当前网页的源代码，如图 1-3 所示。

图 1-3 是一个纯文本文件，图 1-2 是图 1-3 的代码经过浏览器解析后得到的结果。

（2）名词解释

①网站。网站是指在互联网（Internet）上根据一定的规则，使用 HTML（标准通用标记语言下的一个应用）等工具制作的用于展示特定内容相关网页的集合。简单地说，网站是一种沟通工具，人们可以通过网站来发布自己想要公开的资讯或者利用网站来提供相关的网络服务。人们通过网页浏览器来访问网站，获取自己需要的资讯或

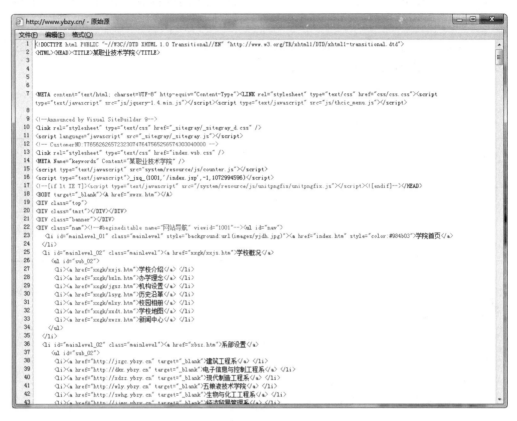

图 1-3　某职业技术学院首页源代码

者享受网络服务。

②网页。网页是构成网站的基本元素，是承载各种网站应用的平台。通俗地说，网站是由网页组成的，如果只有域名和虚拟主机而没有制作任何网页，客户还是无法访问网站。网页是一个包含 HTML 标签的纯文本文件，它可以被存放在世界任意角落的任意一台计算机中，是万维网（World Wide Web）中的一"页"，是超文本标记语言格式（标准通用标记语言的一个应用，文件扩展名为 .html 或 .htm）。网页主要由 3 部分组成：结构、表现和行为。对应的网站标准也分 3 个方面：结构化标准语言，主要包括 XHTML 和 XML；表现标准语言，主要包括 CSS；行为标准主要包括对象模型（如W3C DOM）、ECMAScript 等。这些标准大部分由 W3C 组织起草和发布，也有一些是其他标准组织制定的标准，比如 ECMA（European Computer Manufacturers Association，欧洲计算机制造商协会）的 ECMAScript 标准。

（3）HTML 简介

HTML 是 Hyper Text Markup Language（超文本语言）的英文缩写，主要用来在网页中显示相关内容。HTML 和其他语言不同，它是一门解释性语言，在运行 HTML 程序前不需要编译。

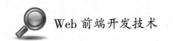

同时，HTML 还是一门标记语言。将标记和要显示的内容结合就编写了一个 HTML 程序。因此，可以通过对标记的学习来学习 HTML 语言。

①结构化标记。每一个 HTML 文件都有一个基本结构。结构化标记是用来描述基本结构的标记，由架构标记和注释标记组成。

②架构标记。HTML 有 4 种架构标记，表 1-1 是 4 种架构标记的具体含义。

表 1-1　　　　　　　　　　　　　　　架构标记

开始标记	结束标记	解释
<html>	</html>	最外层标记
<head>	</head>	页面头标记
<title>	</title>	页面标题标记
<body>	</body>	页面体标记

这些架构标记都是很容易理解的。它们表示不同的含义，可以把<head></head>称为头部标记，把<body></body>称为身体标记。

③具体代码。

```
<html>
<head>
      <title>我的第一个 HTML 页面</title>
</head>
<body>
      </body>
</html>
```

注意：body 元素的内容会显示在浏览器中，title 元素的内容会显示在浏览器的标题栏中。

（4）Dreamweaver 工具简介

①Dreamweaver 界面介绍。Dreamweaver 不仅是一款优秀的所见即所得的网页设计软件，还是一款集设计和编码于一体的软件，既可以单独使用其中的一种方式来开发网页，也可以两种方式同时使用。无论是设计师还是工程师，熟练掌握 Dreamweaver 软件的使用，都能有效地提高工作效率。图 1-4 为 Dreamweaver 启动界面。

在图 1-4 中点击"HTML"页面，即可创建一个 HTML 网页，并进入相应操作界面，如图 1-5 所示。

图 1-6 是 Dreamweaver 操作界面布局图，主要由菜单栏、插入栏、文档工具栏、文档窗口、属性面板、浮动窗口这些工具构成，这些工具可以根据需要调节是否显示。菜单栏的每个菜单选项下有一个菜单列表；每一行的菜单命令都可以进行相关命令或属性的设置；插入栏可以完成不同对象的插入；文档工具栏能对文档进行相应操作。

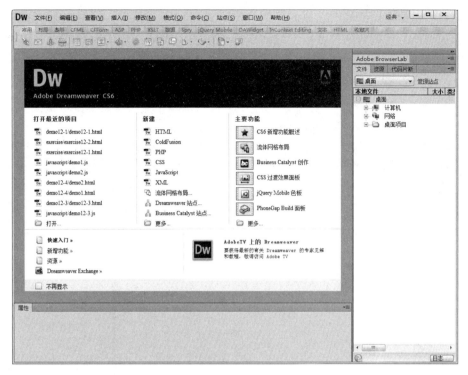

图 1-4　Dreamweaver 启动界面

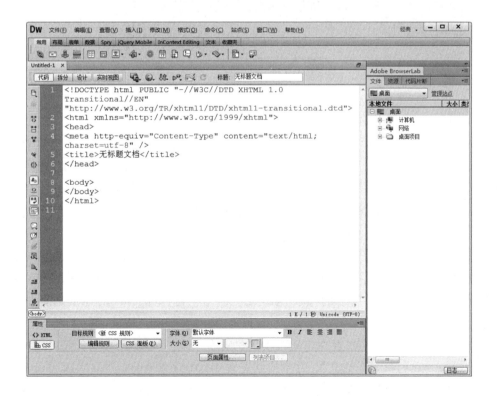

图 1-5　Dreamweaver 操作界面

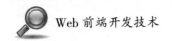

文档窗口可根据文档工具中选择的不同视图方式呈现不同效果，同时也是直接输入页面内容或 HTML 代码等的位置；下端的属性面板显示当前选定的对象或文本属性，也可以直接进行修改；右端的浮动面板可以根据需要展开或折叠。

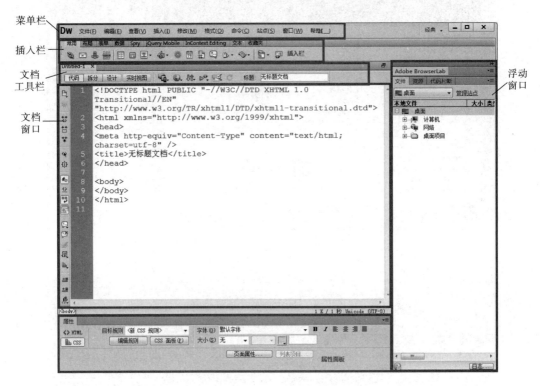

图 1-6　Dreamweaver 操作界面布局图

　　②Dreamweaver 初始化设置。为了使初学者更好地认识 Dreamweaver 工具，更加充分地利用 Dreamweaver 带来的便利，使用 Dreamweaver 进行网页设计前需要对 Dreamweaver 进行初始化设置。首先为使工作区布局一目了然，可以按图 1-7 对工作区布局进行设置，将工作区布局选择为"经典"；其次为了设置新建文档的默认类型、浏览页面默认浏览器、代码输入提示等，可以通过单击菜单栏"编辑"选项下的"首选参数"命令，打开如图 1-8 所示的首选参数对话框进行相应设置。

　　③Dreamweaver 站点管理。为了将需要展示的特定内容全部集中在一起，方便后期的网站发布，在建立网页之前需要先建立站点。在 Dreamweaver 中，首次建立站点选择菜单栏"站点"选项下的"新建站点"命令，打开图 1-9 所示的对话框进行设置。

　　初学者一般可将站点搭建在本地机上，只需在图 1-9 中设置站点名称，如将站点名称设置为"我的第一个站点"，在本地站点文件夹中设置当前站点在本地磁盘上的位置，如将所有网站内存存在 D 盘下的"实例"文件夹中，则将本地站点文件夹选择或设置为"D：\ 实例 \"。设置完成点"保存"按钮，即完成站点的建立。

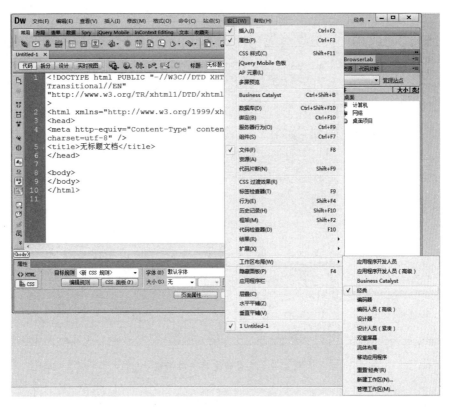

图 1-7　工作区布局图

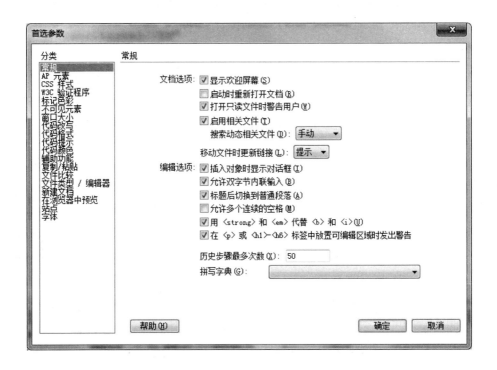

图 1-8　设置首选参数对话框

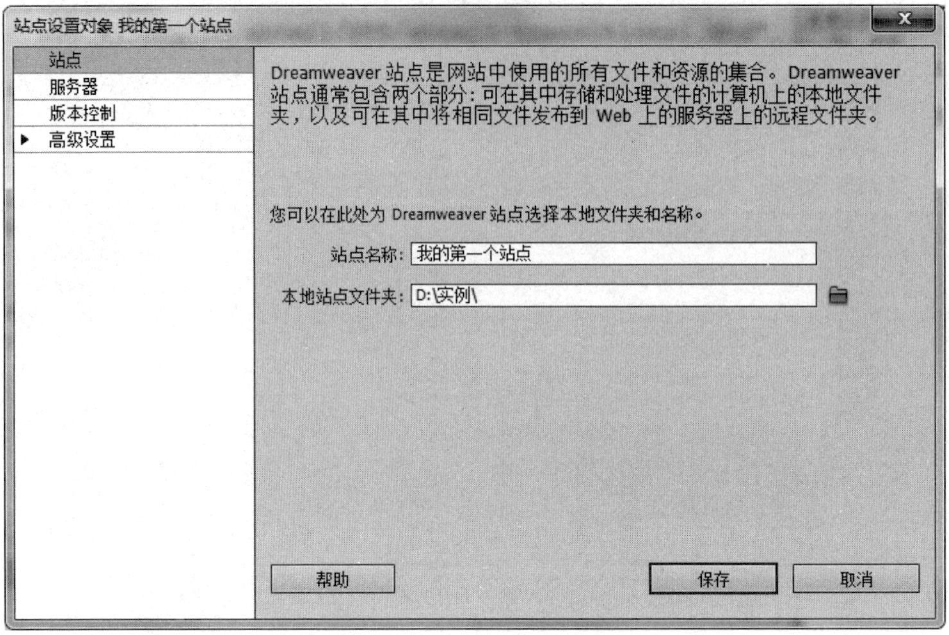

图 1-9　设置新建站点对话框

　　站点建立好后如果需要修改，可以单击菜单栏"站点"选项，选择"管理站点"后打开图 1-10 所示的站点管理窗口。在站点管理窗口中选中要修改的站点，直接双击，再次打开图 1-9 所示的对话框进行修改后保存即可。

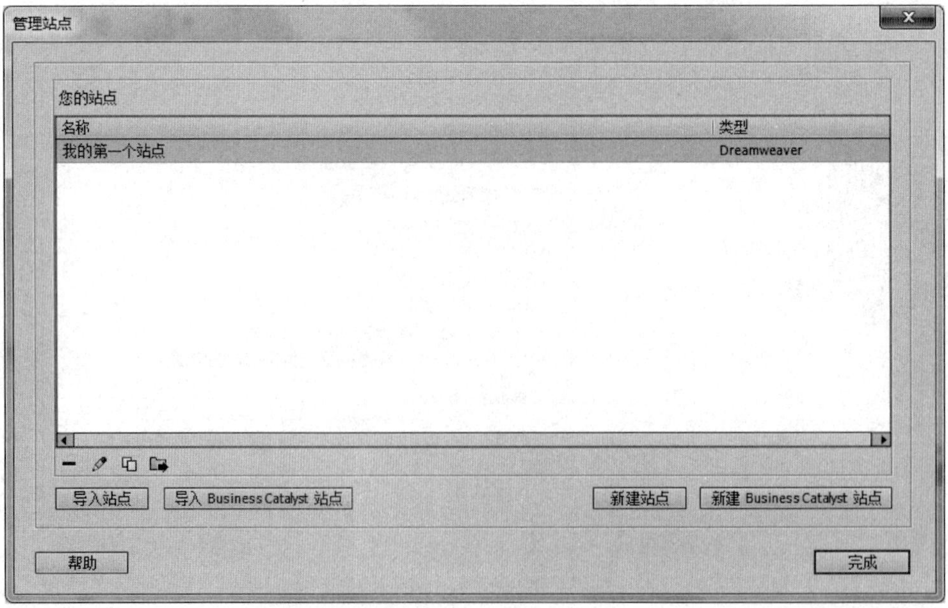

图 1-10　站点管理窗口

此时，便可以开始创建网页了。

1.1.3　案例实现

（1）案例分析

首先建立站点，站点为 D 盘根下的"第一章"文件夹，然后再建立页面，页面存储在当前建立的站点下，取名为"demo1-1.html"。

（2）案例实现

①站点实现。启动 Dreamweaver 应用程序，在打开的应用程序窗口中选择菜单栏"站点"菜单下的"新建站点"命令，在打开的对话框中选择"站点"选项，在右侧的站点名称框中输入"我的第一个站点"，在本地站点文件夹框中输入或选择"D：\第一章"，设置完成后点击"保存"按钮。

②页面建立。选择菜单栏上的"文件"菜单下的"新建"命令，在打开的对话框中选择"空白页"，在页面类型中选择"HTML"，然后单击"创建"按钮；

在<title></title>标记中输入标题内容为"我的第一个网页"，在<body></body>标记中输入内容为"欢迎来到我的空间，这是我的第一个网页。"，然后单击菜单栏上的"文件"菜单下的"保存"命令，在打开的对话框中，将保存文件的名字设置为"demo1-1"，类型中选单击"保存"即可。

③具体代码。

```
<html>
<head>
    <meta http-equiv="Content-Type" content="text/html; charset=utf-8" />
    <title>我的第一个网页</title>
</head>
<body>
欢迎来到我的空间，这是我的第一个网页。
</body>
</html>
```

点击"文档工具栏"中的地球仪图标，选择在 IE 浏览器中运行，运行效果如图 1-11所示。

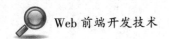

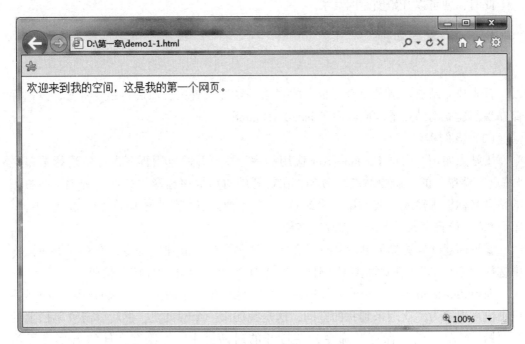

图 1-11　第一个 HTML 页面效果图

1.2　文本编辑

1.2.1　案例描述

互联网的发展使信息的传递变得更方便、快捷，网站浏览成为获取信息的重要渠道。其实，文本信息传递页面的制作并不复杂，本例为应用文本相关标记实现某职业技术学院招生简章页面的制作，运行效果如图 1-12 所示。

1.2.2　知识引入

（1）<font></font>标记

<font>标记为文字样式设置标记，它能实现多种多样的文字效果，被其包含的文本为样式作用区，其基本格式为：<font color＝"颜色值"size＝"文字尽寸"face＝"字体"></font>。颜色取值和水平线中的颜色取值一样；size 取值为 1~7，默认值为 3，可以在其值前加上"＋""－"字符来指定相对于字号初始值的增量和减量；face 为浏览器端的字体，默认为宋体。

<font>标记应用（代码）如【案例 1-1】所示。

【案例 1-1】

<html xmlns＝"http：//www.w3.org/1999/xhtml" >

10

某职院2018年大专招生简章

2018-05-21 00:01招生办 (点击： 4073)

国家示范骨干高职院校
教育部人才培养水平评估优秀级院校
四川省优质高等职业院校建设单位
四川省普通高等院校毕业生就业工作先进单位
西南交通大学2+1合作办学院校
五粮液集团联合培养院校

某职业技术学院

公办全日制普通高等专科院校

四川招生代码：5162

学院性质
某职业技术学院是由四川省人民政府批准,教育部备案的面向全国招生的公办全日制普通高等专科院校，是教育部高职高专人才培养水平评估优秀院校，是四川省普通高等院校毕业生就业工作先进单位，2016年通过国家教育部、财政部骨干建设验收成为国家示范骨干高职院校，2017年被正式确定为四川省优质高等职业院校建设计划立项建设院校。

学院规模
学院占地819亩，规划面积1245亩，建筑面积21.7万平方米；教学仪器设备总值6000多万元，建有6个分类的校内实验实训基地，112个稳定的校外实训基地；设有国家职业技能鉴定机构，能开展54个工种的职业技能培训及鉴定；学院设有五粮液技术学院、现代制造工程系、电子信息与控制工程系、经济贸易管理系、生物与化工工程系、建筑工程系、人文社会科学系等7个系（院），48个招生专业，在校学生规模12000余人。

图 1-12 文本相关标记应用效果图

```
<head>
    <meta http-equiv="Content-Type" content="text/html; charset=utf-8" />
    <title>font 标记应用</title>
</head>
<body>
    <font size="1" face="黑体" color="#FF0000" >1 号红色黑体：某职业技术学
院</font>
    <br/>
    <font size="2" face="黑体" color=" #008000" >2 号绿色黑体：某职业技术
学院</font>
    <br/>
    <font size="3" face="黑体" color=" #0000FF" >3 号蓝色黑体：某职业技术
学院</font>
    <br/>
    <font size="4" face="黑体" color=" #FFFF00" >4 号黄色黑体：某职业技术
```

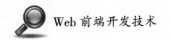

学院</font>

        \<br/\>

        \<font size="5" face="黑体" color="#00FFFF">5 号青色黑体：某职业技术学院</font\>

        \<br/\>

        \<font size="6" face="黑体" color="#FFC0CB">6 号粉色黑体：某职业技术学院</font\>

        \<br/\>

        \<font size="7" face="黑体" color="#A52A2A">7 号棕色黑体：某职业技术学院</font\>

        \<br/\>

        \<font\>默认文字：某职业技术学院</font\>

    </body\>

    </html\>

在 IE 浏览器中运行效果如图 1-13 所示。

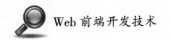

图 1-13　font 标记应用

（2）文本常用格式化标记

在网页中，有时需要为文字设置粗体、斜体或下划线效果，为此 HTML 提供了专门的文本格式化标记，使文字能以特殊的方式显示，常用的文本格式化标记有：

① \<b\>\</b\>和\<strong\>\</strong\>：文字以粗体方式显示，使文字更加醒目。

② \<i\>\</i\>和\<em\>\</em\>：文字以斜体方式显示。

③ \<s\>\</s\>和\<del\>\</del\>：文字以加删除线方式显示。

④ \<u\>\</u\>和\<ins\>\</ins\>：文字以加下划线方式显示。

（3）网页中的特殊字符

在 HTML 中，有一些字符有特殊含义，例如"\<"和"\>"是标签的左括号和右括号，而标签是控制 HTML 显示的，标签本身只能被浏览器解析，并不能在页面中显示，那么，怎样在 HTML 中显示"<"和">"等特殊符号呢？HTML 规定了一些特殊字符的写法，以便在网页中显示，如表 1-2 所示。

表 1-2　　　　　　　　　　　　HTML 中的常用特殊字符

特殊符号	HTML 代码	描述
<	&lt;	小于号
>	&gt;	大于号
&	&amp;	和号
¥	&yen;	人民币符号
©	&copy;	版权符号
®	&reg;	注册商标符号
		空格符

特殊符号应用（代码）如【案例 1-2】所示：

【案例 1-2】

```
<html>
<head>
    <meta http-equiv="Content-Type" content="text/html; charset=utf-8" />
    <title>特殊符号使用</title>
</head>
<body>
    小于符号：&lt; <br/>
    大于符号：&gt; <br/>
    和号：&amp; <br/>
    人民币符号：&yen; <br/>
    版权符号：&copy; <br/>
    注册商标符号：&reg; <br/>
    这里有一个   空格
</body>
</html>
```

在 IE 浏览器中运行【案例 1-2】，效果如图 1-14 所示。

（4）忽略浏览器对部分 HTML 的解析

如果想在网页中做一个类似本书的 HTML 代码示例，把所有的"<"和">"转换成 < 和 > 显然比较麻烦。此时，HTML 代码中的<plaintext>和<xmp></xmp>可以轻松解决这个问题。

<plaintext>是单标签，当它插入到 HTML 代码中时，其后面的所有 HTML 标签全部

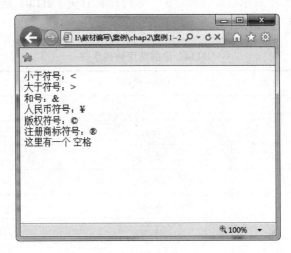

图 1-14　特殊符号使用效果图

失效，即浏览器对<plaintext>后面所有的 HTML 标签不作解析，直接在页面上显示。

是双标签，它只使其包含在标签中的 HTML 标签失效。的使用更为普遍。

（5）其他文字修饰标签

① ：上标格式标签，多用于表示数学中的指数，比如某个数的平方或立方等。

② ：下标格式标签，多用于表示注释以及数学中的底数。

③ <strike></strike>：中划线标签，多用于删除效果。

1.2.3　案例实现

（1）结构分析

如图 1-12 所示的招生简章页面由 5 部分组成，分别为标题部分、发布时间及点击情况部分、学校办学总体情况部分、学校招生代码等部分、具体学院介绍部分。分别通过标题标记、段落标记、文字标记等实现。

（2）样式分析

对需要居中的部分使用 align="center" 标记实现居中。

对仅换行时使用
标记，以避免行距太大。

使用 color="#FF0000" 标记，可实现将颜色设置为红色。

（3）案例实现

```html
<html>
    <head>
        <meta http-equiv="Content-Type" content="text/html; charset=utf-8" />
        <title>某职业技术招生简章</title>
```

```
</head>
<body>
    <h1 align="center">某职院 2018 年大专招生简章</h1>
    <p align="center">2018-05-21 00：01 招生办（点击：4073）</p>
    <font size="+1">
    <b>
国家示范骨干高职院校
    <br/>
教育部人才培养水平评估优秀级院校
    <br/>
四川省优质高等职业院校建设单位
    <br/>
四川省普通高等院校毕业生就业工作先进单位
    <br/>
西南交通大学 2+1 合作办学院校
    <br/>
五粮液集团联合培养院校
    </b>
    </font>
    <h2 align="center">某职业技术学院</h2>
    <h2 align="center">公办全日制普通高等专科院校</h2>
    <h2 align="center">四川招生代码：5162</h2>
    <font color="#FF0000">学院性质</font>
    <br/>
```

　　某职业技术学院是由四川省人民政府批准，教育部备案的面向全国招生的公办全日制普通高等专科院校，是教育部高职高专人才培养水平评估优秀院校，是四川省普通高等院校毕业生就业工作先进单位，2016 年通过国家教育部、财政部骨干建设验收成为国家示范骨干高职院校，2017 年被正式确定为四川省优质高等职业院校建设计划立项建设院校。

```
    <br/>
    <br/>
    <font color="#FF0000">学院规模</font>
    <br/>
```

　　学院占地 819 亩，规划面积 1245 亩，建筑面积 21.7 万平方米；教学仪器设备总值6000 多万元，建有 6 个分类的校内实验实训技术中心，112 个稳定的校外实训基地；设有国家职业技能鉴定机构，能开展 54 个工种的职业技能培训及鉴定；学院设有五粮

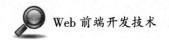

液技术学院、现代制造工程系、电子信息与控制工程系、经济贸易管理系、生物与化工工程系、建筑工程系、人文社会科学系等7个系（院），48 个招生专业，在校学生规模 12000 余人。

```
        <br/>
        <br/>
        <font color="#FF0000" >就业情况</font>
        <br/>
```

学院与著名企业宜宾五粮液集团联合办学，毕业生向一汽大众、成都铁路局、成都轨道等大型企业输送人才，与韩国 LG 公司等企业开展国际化项目合作，学院就业率每年稳定在 95%以上，毕业生就业形势良好，连年荣获"四川省普通高等学校毕业生就业工作先进集体"称号。根据麦可思公司调查 2017 年我院毕业生初始月平均收入为 3705 元，专业初始平均最高月收入 4938 元。

```
        </body>
    </html>
```

在 IE 中运行效果如图 1-12 所示。

项目2 **HTML表单**

学习目标

- 理解表单的概念。
- 掌握表单控件的属性设置。
- 掌握表单控件的语法和使用，能够创建具有相应功能的表单。

HTML 表单是 HTML 页面与浏览器端实现交互的重要手段，是网站管理员与浏览者之间沟通的桥梁，其主要功能是收集用户信息并将这些信息传递给后台服务器。表单可以实现网上注册、网上登录、网上交易等多种功能。本项目将对表单相关元素及其功能进行详细讲解。

表单工作机制如图 2-1 所示。

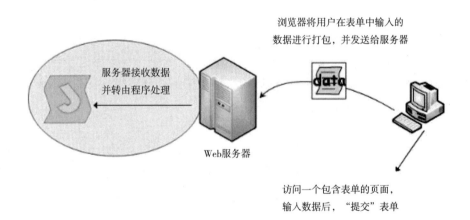

图 2-1　表单工作机制

2.1　简单的网页

2.1.1　案例描述

在这个信息爆炸、大数据迅速膨胀的时代，我们的工作、学习、生活、娱乐等都离不开网络，我们经常会到网上去搜集和获取信息，网页便是我们获取信息的主要途径。本节将通过水平线、标题标记、段落标记制作一个简单的网页，其效果如图 2-2

17

所示。

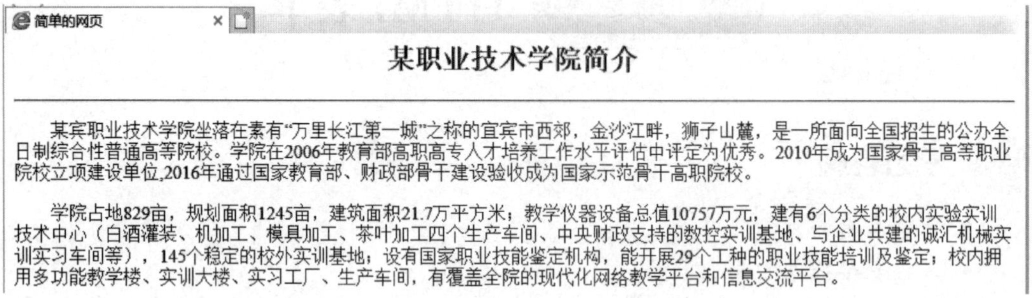

图 2-2 简单网页运行效果图

2.1.2 知识引入

（1）HTML 文档结构及书写规范

每一种语言都有自身的基本结构。HTML 网页文件是构成网站的基本单位，它有完整的结构，包括 HTML 文档的结构和标签的格式等。HTML 文档由标签和标签包括的内容组成。标签能产生用户所需要的各种效果，其功能类似于一个排版软件，能将网页的内容排成理想的效果。标签名称大多为相应的英文单词首字母或缩写。标签分为单标记标签和双标记标签，其一般格式为：<标签 属性 1＝"属性值"……>内容</标签>（双标记标签），或：<标签 属性 1＝"属性值"……/>（单标记标签）。例如：

① 标题标签：<h1 style="color：red；" align="center" >某职业技术学院</h1>

② 水平线标签：<hr color="#FF0000" />

需要注意的是：

- 任何标签必须用两个角括号括起来，即"<"和">"，例如<h1>。

- 任何单标记标签都是闭合的，即标签末尾要有一个"/"来标志结束，例如<hr/>。双标记标签必须有明确的结束标记，如<h1>和</h1>。开始和结束标记中可以有内容。

- 标签里可以添加部分属性、全部属性或不添加属性，添加属性时用空格分隔（双标记标签的属性放在开始标记里）。

- 标签不区分大小写，即<h1>与<H1>意思一样。推荐使用小写。

- 标签可以嵌套使用，但必须是完整嵌套，不能出现交叉的情况。例如<h1><h2></h1></h2>的写法错误，应改为<h1><h2></h2></h1>。

- 为了提高代码的可读性，在书写 HTML 代码时采用缩进来提高程序和代码的层次性。

一个基本的 HTML 文档包含两种信息，即：页面本身的文本，表示页面元素、结构、格式和其他超文本链接的 HTML 标签。

在 Dreamweaver 中新建一个页面文件，自带的源代码如【案例 2-1】所示。

【案例 2-1】

<! DOCTYPE html PUBLIC "-//W3C//DTD XHTML 1.0 Transitional//EN" "http://www. w3. org/TR/xhtml1/DTD/xhtml1-transitional. dtd" >

<html xmlns="http://www. w3. org/1999/xhtml" >

<head>

<meta http-equiv="Content-Type" content="text/html; charset=utf-8" />

<title>无标题文档</title>

</head>

<body>

</body>

</html>

此案例中, HTML 自带的源代码即构成了 HTML 的基本格式, 各部分具体介绍如下:

① <! DOCTYPE>标记。<! DOCTYPE>标记位于文档的最前面, 用于向浏览器说明当前文档使用哪种 HTML 或 XHTML 标准规范, 上述自动生成的代码中, <! DOCTYPE>标记声明了文档的根元素是 html, 它在公共标识符被定义为 "-//W3C//DTD XHTML 1.0 Transitional//EN" 的 DTD 中进行了定义, 浏览器将明白如何寻找匹配此公共标识符的 DTD。如果找不到, 浏览器将使用公共标识符后面的 URL 作为寻找 DTD 的位置。

② <html></html>标记。<html>标记位于<! DOCTYPE>标记之后, 也称为根标记, 用于告知浏览器其自身是一个 HTML 文档, <html>标记标志 HTML 文档开始, </html>标记标志 HTML 文档结束。在 HTML 头部标记中的属性 xmlns, 指定了整个文档所使用的主要命名空间为 http://www. w3. org/1999/xhtml。

③ <head></head>标记。<head></head>标记是文档头部标记, 一个 HTML 文档只能有一组<head>标记, 紧跟在<html>标记后面, 主要用来封装其他位于文档头部的标记, 如<title><meta><link>及<style>等, 绝大多数数据不会真正作为内容显示在页面中。

④ <body></body>标记。<body></body>标记是文档的主体标记, 位于头部之后, <body>为开始标记, </body>为结束标记。它定义网页中显示的主要内容与显示格式, 是整个网页的核心, 网页中要真正显示的内容都包含在主体标记中。

（2）HTML 文档头部相关标记

HTML 主要分为头部<head></head>部分和主体<body></body>部分, 头部信息的内容虽然不会在页面中显示, 但它能影响网页的全局设置, 头部信息在网页制作中起着举足轻重的作用。

① <title></title>标记。</title>标记用于定义 HTML 页面的标题, 每个网页都有一个标题, 它的内容不在浏览器窗口中显示, 而是在浏览器的标题栏中显示。标题在一

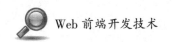

个 HTML 文档中非常重要，首先标题概括了网页的内容，能够使浏览者迅速了解网页的大概内容。其次，如果浏览者喜欢该网页，将它加入书签中或保存到磁盘上，标题就作为该页面的标志或文件名。另外，使用搜索引擎时显示的结果也是页面的标题。

② <meta/>标记。<meta/>标记为元信息标签，该标签提供的信息对于浏览用户是不可见的，一般用于定义页面信息的名称、关键字、作者等。一个 HTML 可以有多个 <meta/>标签。<meta/>标签分为两种：页面描述信息（name）和 http 标题信息（http-equiv）。

a. name 属性主要用于描述网页内容，对搜索引擎进行优化。正确设置 name 属性可以方便搜索引擎的搜索机器人查找、分类，搜索引擎一般会自动查找 name 值来给网页分类，常用的 name 值如下：

● keywords：中文意思即"关键字"，用于说明网页所包含的关键字等信息，从而提高被搜索引擎搜索到的概率。编写格式为：<meta name = "keywords" content = " 关键字" />，其中 content 属性的值为用户所设置的具体关键字。需注意的是一般可以设置多个关键字，关键字之间用英文半角逗号分隔开。

● description：中文意思即"描述"，用于描述网页的主要内容、主题等。合理设置该信息也可以提高被搜索引擎搜索到的概率。编写格式为：< meta name = "description" content = "对页面的描述" />，content 属性的值用于定义描述的具体内容，需要注意的是网页描述的文字不必过多。

● author：中文意思即"作者"，用于设置网站作者的名称，在比较专业的网站页面上经常用到。编写格式为：<meta name = "author"：content = "作者名称" />，content 属性的值为用户设置的作者名称。

b. http 标题信息属性可以设置服务器发送给浏览器的 HTTP 头部信息，为浏览器显示该页面提供相关的参数。常用取值如下：

● content-type：中文意思为"内容类别"。用于设置页面的类别和语言字符集。编写格式为：<meta http-equiv = "content-type" content = "text/html；charset=utf-8" />，content 属性的值代表页面采用 HTML 代码输出，字符集为 utf-8（国际化编码）。

● refresh：中文意思为"刷新"，用于设置多长时间内网页自己刷新一次或者过多长时间后自动跳转到其他页面。编写格式为：<meta http-equiv = "refresh" content = "30；url = http：//www. ybzy. cn" />，content 的值代表 30 秒后页面自动跳转到 www. ybzy. cn 网站。

● expires：中文意思是"到期"，用于设置页面到期时间，一旦网页过期，则必须到服务器上重新调用网页。编写格式为：<meta http-equiv = "expires" content = "wed，10 mar 2019 12：00：00 GMT" />，content 属性的值代表网页过期时间，必须使用 GMT 的时间格式。另一种格式为：<meta http-equiv = "expires" content = "0" />，content 属性的值为数字时，代表多少时间后过期。

③ <link/>标记。<link/>标记为引用外部文件标记。一个页面往往需要多个外部文件

的配合，一个页面允许使用多个<link>标记来引用多个外部文件。其基本格式为：<link 属性 1 = "属性值 1"　属性 2 = "属性值 2"　……/>，例如：< link　rel = " stylesheet" type = " text/css"　href = " demo. css" />表示将当前页面文件夹下的样式文件 demo. css 引入到当前 HTML 文件中。

④ <style></style>标记。<style>标记用于为 HTML 文档定义样式信息，位于<head>头部标记中，其基本语法格式为：<style 属性 = "属性值" >具体样式内容</style>。例如：<style type = "text/css" > * ｛color：#F00；｝ </style>，表示将整个页面的文字颜色设置为红色。

（3）标题与段落排版

网页是否美观，很大程度上取决于其排版。当页面中需要有大段文字时，通常采用分段的形式进行划分，让文字看起来不那么死板。

①注释标签<! -- -->。注释标记中的内容不会被浏览器解析，其目的是为文档中的不同部分加上说明，方便日后阅读和修改，尤其对于结构复杂、开发周期较长且需要团队合作开发的网页，注释显得尤为重要。一般格式为：<! --注释内容-->，这种格式的注释并不局限于一行，长度不受限制，只要是封装在<! --与-->中的内容均为注释内容，浏览器都将忽略对它们的解析。

②强制换行标签
。
是一个单标记标签，放在一行的末尾，可以使后面的文字、图像、表格等显示于下一行，且不会在行与行之间留下空行，即强制文本换行。由于浏览器会自动忽略 HTML 文档中的空白和换行部分，因此使
成为常用的标签之一。一般情况下，换行标签单独占一行，以增强代码的可读性和清晰性。

③段落标签<p></p>。段落标签放在段落的头部和尾部，用于定义一个段落。<p>标签不但能使后面的文字换到下一行，还可以使两段之间多加一个空行，相当于两个
标签。基本格式为：<p align = "left｜center｜right" ></p>，其中，属性 align 用来设置段落文字在网页上的对齐方式，left 表示左对齐，center 表示居中对齐，right 表示右对齐，默认为左对齐。

④水平线标签<hr/>。在页面中插入一条水平线，可以将不同功能的文字分隔开，使页面看起来整齐明了。当浏览器解释到 HTML 文档中的<hr/>标签时，会在此处换行，同时插入一条水平线段。线段的样式由标签的参数决定。一般格式为：<hr align = "left｜center｜right" size = "水平线的粗细" width = "水平线的长度" color = "水平线颜色" noshade = "noshade" />。其中：align 和段落标签的效果一样；size 设置线条粗细和长度，以像素为单位，默认值为 2；width 设置水平线的长度，可以是绝对值（以像素为单位）或相对值（以百分比为单位），默认值为 100%；color 用于设定线条颜色，颜色值的设置可以以"#"开始的十六进制代码或者英文名称代替的色彩值，默认为黑色；noshade 表示设置水平线进行平面显示，默认为立体效果。

⑤标题标记<h#></h#>。在页面中，标题是一段文字内容的核心，所以总是用强调的效果来表示。网页中的信息可以分为主要点和次要点，可以通过设置不同大小的

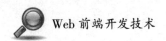

标题增加文章的条理性。标题标签的一般格式为：<h# align="left | center | right">
</h#>，其中#表示标题文字的大小，取值为1~6，取1时字号最大，取6时字号最小，
align 含义同段落。

标题标记应用如【案例2-2】所示。

【案例2-2】

```
<html>
    <head>
        <meta http-equiv="Content-Type" content="text/html;charset=utf-8" />
        <title>标题标记应用</title>
    </head>
    <body>
    <h1>某职业技术学院</h1>
    <h2>某职业技术学院</h2>
    <h3>某职业技术学院</h3>
    <h4>某职业技术学院</h4>
    <h5>某职业技术学院</h5>
    <h6>某职业技术学院</h6>
    </body>
</html>
```

在 IE 浏览器中运行【案例2-2】，效果如图2-3所示。

图 2-3　标题标记应用效果图

2.1.3　案例实现

（1）案例分析

分析图 2-2，首先标题"某职业技术学院简介"，根据字号大小变化的情况，选择
标签<h2>；标题下面的横线通过水平线标签实现，后面两段介绍文字通过两个段落标

签实现。

（2）案例实现分析

首先将建立的 HTML 文件的标题改为"简单的网页"，然后在<body>区设置"某职业技术学院简介"内容，选择二号标题标签，最后分别设置水平线和正文内容，具体代码如下：

```
<html>
<head>
<meta http-equiv="Content-Type" content="text/html；charset=utf-8" />
<title>简单的网页</title>
</head>
<body>
<h2 align="center" >某职业技术学院简介</h2>
<hr/>
<p> ； ； ； ； ； ； ； ；某职业技术学院坐落在素有"万里长江第一城"之称的某市西郊，金沙江畔，狮子山麓，是一所面向全国招生的公办全日制综合性普通高等院校。学院在 2006 年教育部高职高专人才培养工作水平评估中评定为优秀。2010 年成为国家骨干高等职业院校立项建设单位，2016 年通过国家教育部、财政部骨干建设验收成为国家示范骨干高职院校。</p>

<p> ； ； ； ； ； ； ； ；学院占地 829 亩，规划面积 1245 亩，建筑面积 21.7 万平方米；教学仪器设备总值 10 757 万元，建有 6 个分类的校内实验实训技术中心（白酒灌装、机加工、模具加工、茶叶加工四个生产车间、中央财政支持的数控实训基地、与企业共建的诚汇机械实训实习车间等），145 个稳定的校外实训基地；设有国家职业技能鉴定机构，能开展 29 个工种的职业技能培训及鉴定；校内拥用多功能教学楼、实训大楼、实习工厂、生产车间，有覆盖全院的现代化网络教学平台和信息交流平台。
</p>
</body>
</html>
```

在 IE 浏览器中运行，效果如图 2-2 所示。

2.2　用户登录界面

2.2.1　案例描述

一个良好的用户登录界面不仅能够吸引客户，还能带来良好的用户体验。用户登录界面通常包括用户名、用户密码及验证码等功能模块。本节将学习表单的相关知识，

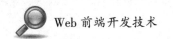

并通过创建表单来制作一个"用户登录界面"。

2.2.2 知识引入

（1）认识表单

对于"表单"这个词，初学者可能比较陌生，其实它们在互联网上随处可见，注册页面中的用户名和密码输入、性别选择、提交按钮等都是用表单相关的标记定义的。简单地说，表单就是网页上用于输入信息的区域，它的主要功能是收集用户信息，并将这些信息传递给后台服务器，实现网页与用户的沟通。

表单由一个或多个文本输入框、可单击的按钮、多选框、下拉菜单和图像按钮等表单控件组成，所有这些都放在<form>标签内。一个文档中可以包含多个表单，通常每个表单可以放置主体内容（包括文字和图像在内）。

在 HTML 中，一个完整的表单通常由表单控件（也称为表单元素）、提示信息和表单域 3 个部分构成，如图 2-4 所示，即为一个简单的 HTML 表单界面及其构成。

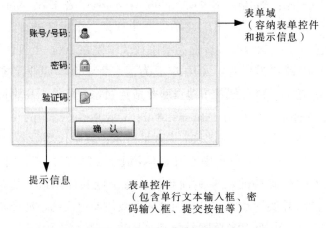

图 2-4 HTML 表单及其构成

对于表单构成中的表单控件、提示信息和表单域等概念，初学者可能比较难理解，具体解释如下：

①表单控件：包含具体的表单功能项，如单行文本输入框、密码输入框、复选框、提交按钮、重置按钮等。

②提示信息：一个表单中通常还需要包含一些说明性的文字，提示用户进行填写和操作。

③表单域：它相当于一个容器，用来容纳所有的表单控件和提示信息，可以通过它定义处理表单数据所用程序的 url 地址，以及数据提交到服务器的方法。如果不定义表单域，表单中的数据就无法传送到后台服务器。

为了使初学者更好地理解和应用这些属性，接下来对它们的用法和效果进行演示，如【案例 2-3】所示。

【案例 2-3】

1 <html>

2 <head>

3 <meta http-equiv="Content-Type" content="text/html；charset=utf-8" />

4 <title>创建一个完整的表单</title>

5 </head>

6 <body>

7 <form action="http：//www.mysite.cn/index.asp" method="post" >

                                                                                   <!--表单域-->

8 账号：   <!--提示信息-->

9 <input type="text" name="zhanghao" />   <!--表单控件-->

10 密码：   <!--提示信息-->

11 <input type="password" name="mima" />   <!--表单控件-->

12 <input type="submit" value="提交" />   <!--表单控件-->

13 </form>

14 </body>

15 </html>

运行【案例 2-3】效果如图 2-5 所示。

图 2-5　用户登录界面

通过对该例的学习，不难而知表单控件是表单的核心。常用的表单控件如表 2-1 所示。

表 2-1　　　　　　　　　　　　常用的表单控件

表单控件	描述
<input/>	表单输入控件（可定义多种表单项）
<textarea></textarea>	定义多行文本框
<select></select>	定义一个下拉列表（必须包含列表项）

表 2-1 中列出了 HTML 中常用的表单控件，它们的特性和功能各不相同，后面将对这些表单控件进行具体讲解。

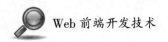

（2）表单的定义

HTML 表单是一个包含表单元素的区域，表单使用<form>标签创建。表单能够包含 input 元素，如文本字段、复选框、单选框、提交按钮等，还可以包含 menus、textarea、fieldset、legend 和 label 元素。注意，<form>元素是块级元素，其前后会产生折行。

创建表单的基本语法格式如下所示：

<form action＝"url 地址" method＝" 提交方式"name＝"表单名称" ＞

各种表单控件

</form>

在上面的语法中，<form>与</form>之间的表单控件是由用户自定义的，action、method 和 name 为表单标记<form>的常用属性，下面针对它们进行解释。

1）action 属性规定提交表单时向何处发送表单数据。

action 取值为：①一个 URL（绝对 URL 或相对 URL），一般指向服务器端一个程序，程序接收到表单提交过来的数据（即表单元素值）作相应处理。比如<form action＝"form_ action.asp" ＞，表单数据会传送到名为"form_ action.asp" 的页面去处理。②使用 mailto 协议的 URL 地址，这样会将表单内容以电子邮件的形式发送出去。这种情况比较少见，因为它要求访问者的计算机上安装和正确设置好了邮件发送程序。例如<form action＝mailto：htmlcss@ 163.com＞，当提交表单后，表单数据会以电子邮件的形式传递出去。③空值，如果 action 为空或不写，则表示提交表单给当前页面。

2）method 即定义浏览器，是将表单中的数据提交给服务器处理程序的方式，最常用的语法是 get 和 post。其中 get 为默认值，这种方式提交的数据将显示在浏览器的地址栏中，保密性差，且有数据量的限制。而 post 方式的保密性好，并且无数据量的限制，使用 method＝"post" 可以大量地提交数据。

3）name 属性是表单的名称。注意与 id 属性相区别：name 属性是和服务器通信时使用的名称，以区分同一个页面中的多个表单；而 id 属性是浏览器端使用的名称，该属性主要是为了方便客户端编程而在 CSS 和 Javascript 中使用的。

需要注意的是：<form>标记的属性不会直接影响表单的显示效果。要想让一个表单有意义，就必须在<form>与</form>间添加相应的表单控件。

2.2.3　案例实现

（1）结构分析

如图 2-5 所示的用户登录界面由 3 个表单控件构成，分别为 2 个单行文本输入框和 1 个按钮，可以通过在 form 标记中嵌套 input 标记来定义。

（2）表单控件分析

input 控件。<input>控件是个单标记，它必须嵌套在表单标记中使用，用于定义一个用户的输入项。比如我们在浏览网页时经常会看到单行文本输入框、单选按钮、复选框、提交按钮、重置按钮等，定义这些元素需要使用 input 控件，其基本语法格式为：<input name=" " type=" " />。

除了 type 属性之外，<input/>标记还可以定义很多其他属性，其常用属性如表 2-2 所示。

表 2-2　　　　　　　　　　　　**input 标记的属性与具体含义**

属性	属性值	描述
type	Text	单行文本输入框
	Password	密码输入框
	Radio	单选按钮
	Checkbox	复选框
	Button	普通按钮
	Submit	提交按钮
	Reset	重置按钮
	Image	图像形式的提交按钮
	Hidden	隐藏域
	File	文件域
name	由用户自定义	控件的名称
value	由用户自定义	input 控件中的默认文本值
size	正整数	input 控件在页面中的显示宽度
readonly	Readonly	该控件内容为只读（不能编辑修改）
disabled	Disabled	第一次加载页面时禁用该控件
checked	Checked	定义选择控件默认被选中的项
maxlength	正整数	控件允许输入的最多字符数

① 单行文本输入框<input type = "text" />。单行文本输入框常用来输入简短的信息，如用户名、账号、证件号码等，常用的属性有 name、value、maxlength。

② 密码输入框<input type = "password" />。密码输入框用来输入密码，其内容将以圆点的形式显示。

③ 单选按钮<input type = "radio" />。单选按钮用于单项选择，定义单选按钮必须为同一组中的选项指定相同的 name 值，这样"单选"才会生效。

④ 复选框<input type = "checkbox" />。复选框常用于多项选择，如选择兴趣、爱好等，可对其应用 checked 属性，指定默认选中项。

⑤ 普通按钮<input type = "button" />。普通按钮常常配合 javaScript 脚本语言使用，初学者了解即可。

⑥ 提交按钮<input type = "submit" />。提交按钮是表单中的核心控件，用户完成信息输入后一般需要单击提交按钮才能完成表单数据的提交。可以对其应用 value 属性，改变提交按钮上的默认文本。

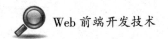

⑦ 重置按钮<input type="reset" />。当用户输入的信息有误时，可单击重置按钮取消已输入的所有表单信息。可以对其应用 value 属性，改变重置按钮上的默认文本。

⑧ 图像形式的提交按钮<input type="image" />。图像形式的提交按钮用图像替代了默认的按钮，外观上更加美观。需要注意的是，必须为其定义 src 属性指定图像的 url 地址。

⑨ 隐藏域<input type="hidden" />。隐藏域对于用户是不可见的，通常用于后台的程序，初学者了解即可。

⑩ 文件域<input type="file" />。当定义文件域时，页面中将出现一个文本框和一个"浏览…"按钮，用户可以通过填写文件路径或直接选择文件的方式，将文件提交给后台服务器。

项目3 浮动与定位

学习目标

● 理解网页元素的浮动和常见的几种定位模式，能够利用所学的浮动知识对网页进行布局和定位。

● 熟悉清除浮动的方法和区别几种定位模式，能够清除浮动的影响和选用不同的定位模式。

● 掌握浮动与定位混合使用方法，能够对元素进行布局和精确定位。

通过 html 编写的网页元素，在没有默认的情况下会按照从左到右、从上到下的顺序一一罗列到页面上。仅仅按照默认的方式进行网页布局，网页将是枯燥、乏味和混乱的。通过对网页元素进行浮动和定位，能使网页布局更加丰富、合理，本项目将对元素的浮动和定位进行详细讲解。

3.1 浮动

3.1.1 案例描述

没有学习浮动之前，制作的网页更多是按照标准流的方式进行排列，这种排版是枯燥、乏味且混乱的，本节我们将通过学习 CSS 样式的浮动来进行页面的布局，制作出美观的网页。首先学习"梅兰竹菊"主题页面的制作，其效果图如图 3-1 所示。

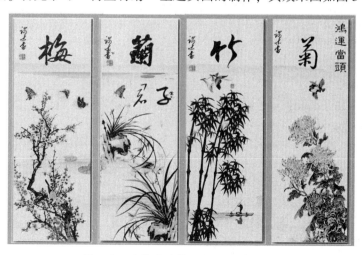

图 3-1 "梅兰竹菊"主题页面效果图

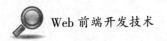

3.1.2　知识引入

网页中的块标签是自上而下的一块块堆叠，行内标签则在一行内从左到右依次并排，为了避免所有网页都这样机械地排列，我们可以通过定位 float 属性来定义浮动，将元素脱离标准流，移动到父元素中相应的位置，其语法格式为：

选择器　{float：left/right/none；}

float 的 3 个属性均有不同的意义，具体如表 3-1 所示。

表 3-1　　　　　　　　　　　　　　　float 常用的值及其属性

值	属性
right	使用的元素往右浮动
left	使用的元素往左浮动
none	使用的元素不浮动

接下来学习 float 属性的用法，如【案例 3-1】所示。

【案例 3-1】

16 <html>

17 <head>

18 <meta http-equiv="Content-Type" content="text/html；charset=utf-8" />

19 <title>元素的 float</title>

20 <style type="text/css" >

21 #c1 {　　　　　　　　　　　　　　　/*　定义了父元素 c1 */

22 border：1px solid #ccc；

23 }

24 #c1-1 {　　　　　　　　　　　　　　/*　定义了 c1-1 元素 */

25 height：70px；

26 background：#F00；

27 margin：10px；

28 font-size：30px；

29 font-weight：bold；

30 line-height：70px；

31 padding：10px；

32 }

33 #c1-2 {　　　　　　　　　　　　　　/*　定义了 c1-2 元素 */

34 height：70px；

35 background：#0f0；

36 margin：10px；

37 font-size：30px；

38 font-weight：bold；

39 line-height：70px；

40 padding：10px；

41 ｝

42 #c1-3 ｛　　　　　　　　　　　　　　/*　定义了 c1-3 元素 */

43 height：70px；

44 background：#00f；

45 margin：10px；

46 font-size：30px；

47 font-weight：bold；

48 line-height：70px；

49 padding：10px；

50 ｝

51 </style>

52 </head>

53 <body>

54 <div id="c1" >

55 <div id="c1-1" >c1-1</div>

56 <div id="c1-2" >c1-2 </div>

57 <div id="c1-3" > c1-3</div>

58 这里是浮动以外的文字！！！！ 这里是浮动以外的文字这里是浮动以外的文字！！！！ 这里是浮动以外的文字！！！！！！！！！ </div>

59 </div>

60 </body>

61 </html>

运行【案例 3-1】，此时其 c1-1、c1-2、c1-3 三个元素均未采用浮动属性，效果如图 3-2 所示。

在图 3-3 中，c1-1、c1-2、c1-3 及相应的文字都是按照标准流从上到下显示的，

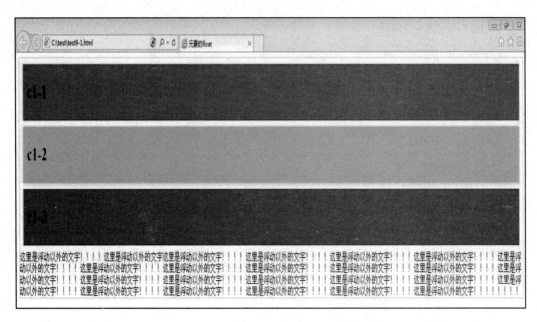

图 3-2　不设置浮动元素的默认标准流效果

其中块级元素占整行页面，行级元素则是从左到右的罗列，接下来在 test10-1 的基础上，我们对 c1 设置左浮动的效果，具体的 CSS 代码如下所示。

1　#c1-1 {　　　　　　　　　　　　/ *　定义了 c1-1 元素 * /
2　　height：70px；
3　　background：#F00；
4　　margin：10px；
5　　font-size：30px；
6　　font-weight：bold；
7　　line-height：70px；
8　　padding：10px；
9　　float：left；/ * 定义 c1-1 为左浮动 * /
10　} </html>

保存后，对【案例 3-1】（图 3-2）的页面进行刷新，效果图如图 3-3 所示。

通过图 3-3 可以看出，c1-1 设置为左浮动之后，后面的 c1-2 漂浮到了 c1-1 的左侧，c1-1 已经不受标准流控制而出现在一个新的层次上。接下来我们再对 c1-2 设置左浮动，具体 CSS 代码如下所示。

1　#c1-2 {　　　　　　　　　　　　/ *　定义了 c1-2 元素 * /
2　　height：70px；

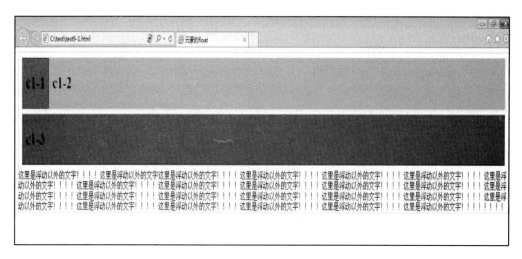

图 3-3　设置 c1-1 左浮动后的效果图

3　　　background：#F00；

4　　　margin：10px；

5　　　font-size：30px；

6　　　font-weight：bold；

7　　　line-height：70px；

8　　　padding：10px；

9　　　float：left；/＊定义 c1-2 为左浮动＊/

10　</html>

保存网页后刷新，效果如图 3-4 所示。

图 3-4　设置 c1-1、c1-2 左浮动后的效果图

　　由图 3-4 可以看出，c1-1、c1-2 已经脱离了标准文档流往左浮动，而 c1-3 则显示块级标签的属性，独占整个一行页面。

　　最后我们再对 c1-3 进行设置，也设置其浮动方式为左浮动。具体 CSS 代码如下所示。

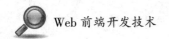

```
1    #c1-3 {                              /*   定义了 c1-3 元素 */
2        height：70px；
3        background：#F00；
4        margin：10px；
5        font-size：30px；
6        font-weight：bold；
7        line-height：70px；
8        padding：10px；
9        float：left；/* 定义 c1-2 为左浮动 */
10   } </html>
```

保存后，对图 3-4 页面进行刷新，效果图如图 3-5 所示。

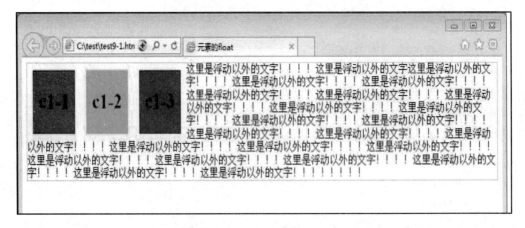

图 3-5　设置 c1-1、c1-2、c1-3 左浮动后的效果图

在图 3-5 中，c1-1、c1-2、c1-3 均设置了左浮动，排列在了同一行，文字则环绕在盒子元素周围，表现出行级元素的特性。

除了进行左浮动的设置，以此类推也可以进行右浮动的设置，同时还可以部分进行左浮动，部分进行右浮动的设置，学习者可以进行练习。

3.2　常规页面布局

3.2.1　案例描述

由于浮动元素不再占有原文档中的位置，会对其他的排版元素产生影响，因此需要设置溢出部分的操作，为了避免对不浮动元素的影响，需要清除浮动。本节我们将通过设置溢出部分和清除浮动来制作"常规页面布局"，其布局方式为：banner 里边放 logo、昵称、签名或者其他，左边放导航，右边放说明，主要内容展示在中间，底部标识版权。效果如图 3-6 所示。

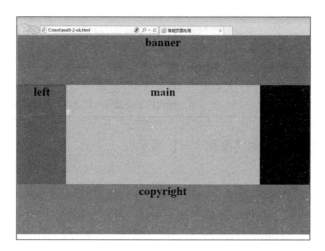

图 3-6　"常规页面布局"页面效果

3.2.2　知识引入

（1）使用浮动后出现的问题

①对附近的元素布局造成改变，使得布局混乱。

②因为元素脱离了文档流，会造成一种坍塌的现象。简单地说，就是原来的父容器是被元素撑开的，当浮动之后，父容器的高度就会坍塌。

（2）清除浮动

使用浮动时常常用到清除浮动。清除浮动可以解决坍塌现象，使元素充满块。清除浮动常用的方法有：

①运用 clear 属性清除浮动。周围的元素使用了浮动设置后，会对元素本身产生影响，为了清除影响，可以在 CSS 中使用 clear 命令用于清除浮动，其基本语法格式为：选择器 {clear：left/right/both；} 具体如表 3-2 所示。

表 3-2　　　　　　　　　　　　　clear 常用的值及其属性

值	属性
right	清除右浮动产生的影响
left	清除左浮动产生的影响
both	清除左右浮动产生的影响

②设置 overflow 属性清除浮动。当盒子内的元素超出盒子自身的大小时，内容就会溢出，这时如果想要规范溢出内容的显示方式，就需要使用 CSS 中的 overflow 属性，其基本语法格式为：选择器{overflow：visible/hidden/auto/scroll；}。具体如表 3-3 所示。

表 3-3   clear 常用的值及其属性

值	属性
Visible（默认值）	溢出的内容不会裁剪，超出部分会呈现在元素框外
hidden	溢出内容会裁剪，超出部分不会呈现在元素框外
auto	根据内容，在需要时产生滚动条
scroll	溢出内容会裁剪，且始终产生滚动条

代码的具体用法及含义如【案例 3-2】所示。

【案例 3-2】

```
11    <html>
12    <head>
13    <meta http-equiv="Content-Type" content="text/html; charset=utf-8" />
14    <title>overflow 属性</title>
15    <style type="text/css">
16    #c1 {
17       width：300px；
18       height：300px；
19       border：2px solid #f00；
20       margin：0 auto；
21       padding：5px；
22    }
23    </style>
24    </head>
25
26    <body>
27    <div id="c1"> <img src="images/pic1.jpg" width="500" height="500"/>
</div>
28    </body>
29    </html>
```

在【案例 3-2】的代码中，没有对溢出进行设置，因此 overflow 采用的是 visible 默认值。效果如图 3-7 所示。

在此默认值状态下，溢出的部分不会被修剪和设置，与 visible 的状态是一样的。

如果我们在 13 行代码后添加如下一段代码：

overflow：hidden；/* 溢出内容会裁剪，超出部分不会呈现在元素框外 */

保存并刷新页面后，效果图如图 3-8 所示。在图 3-8 中，可以看到溢出部分已经被剪裁，变为不可见。

图 3-7 overflow 未进行设置的效果图

图 3-8 overflow 设置为 hidden 的效果图

如果我们在 13 行代码后添加如下一段代码：

overflow：auto；/＊根据内容，在需要时产生滚动条＊/

同时设置自适应滚动条，即当内容有溢出的时候产生滚动条，可以通过拉动滚动条查看其他内容。没有溢出不产生滚动条。效果如图 3-9 所示。

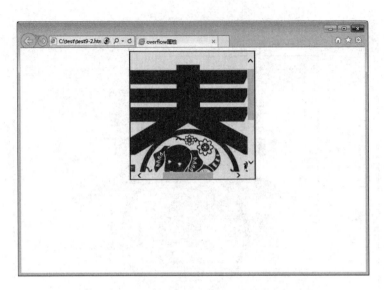

图 3-9　overflow 设置为 auto 的效果图

需要注意的是：

① 在有溢出的状况下，overflow：auto；与 overflow：scroll；的效果是一样的，均有滚动条，如图 3-10 所示。

② 在没有溢出的情况下，overflow：auto；与 overflow：scroll；的效果不同，overflow：auto；不会出现滚动条，overflow：scroll；始终出现滚动条。

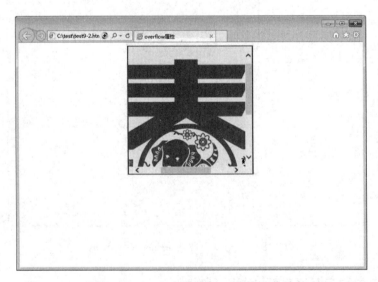

图 3-10　overflow 设置为 scroll 的效果图

除了利用 clear 清除浮动，在一些特殊情况下还可以利用 overflow 属性设置溢出的影响，来清除浮动对元素的影响，如【案例 3-3】所示。

【案例 3-3】

```
30   <html>
31   <head>
32   <meta http-equiv="Content-Type" content="text/html; charset=utf-8" />
33   <title>元素的 float</title>
34   <style type="text/css">
35   #c1 {
36      /*定义了父元素*/
37      height：600px；
38      width：600px；
39      background-color：#ccc；
40      border：1px solid #f00；
41   }
42   #c1-1, #c1-2, #c1-3 {              /*  定义了c1-1、c1-2、c1-3元素*/
43      height：150px；
44      width：150px；
45      background-color：#F00；
46      font-size：30px；
47      font-weight：bold；
48      line-height：150px；
49      margin：10px；
50      float：left；
51   }
52   </style>
53   </head>
54   <body>
55   <div id="c1">
56      <div id="c1-1">c1-1</div>
57      <div id="c1-2">c1-2</div>
58      <div id="c1-3">c1-3</div>
59   </div>
60   </div>
61   </body>
62   </html>
```

在【案例 3-3】中，为 c1-1、c1-2、c1-3 设置了左浮动，父元素 c1 并没有设置高度，由于受到子元素浮动的影响，没有设置高度的父元素出现了坍塌，无法自适应

39

高度，成了一条直线。效果如图 3-11 所示。通过在父元素中将 overflow 设置为 hidden （代码如下），可以清除子元素的浮动对父元素的影响。

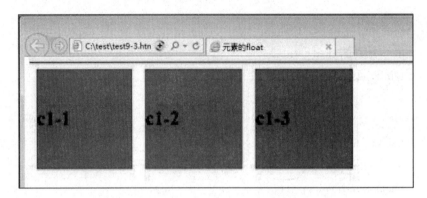

图 3-11　子元素的浮动对父元素的影响

```
1    #c1 {
2        background-color：#ccc；
1        border：1px solid #f00；
2        overflow：hidden；    /*设置溢出为隐藏*/
3    }
```

保存页面后刷新，效果如图 3-12 所示。

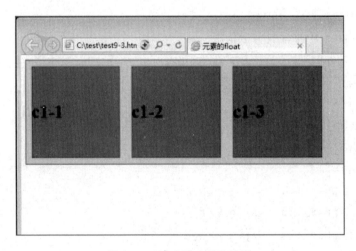

图 3-12　清除浮动的效果图

③ after 伪类。对子元素的 after 伪类进行设置。使用 after 进行设置的时候要注意两个问题：

① 该方法只适合 IE8 及以上版本的浏览器和其他非 IE 的浏览器。必须将需要清除浮动的元素高度设置为：height：0。

② 必须为伪对象设置 content 属性为空："content:"";"。

接下来，我们利用 after 伪类对【案例 3-3】进行浮动的清除，如【案例 3-4】所示。

【案例 3-4】

4　　<html>

5　　<head>

6　　<meta http-equiv="Content-Type" content="text/html; charset=utf-8" />

7　　<title>after 伪对象</title>

8　　<style type="text/css">

9　　#c1 {

10　　　　background-color: #ccc;

11　　　　border: 1px solid #f00;

12　}

13#c1: after {

14　　　　height: 0px;

15　　　　content: "";

16　　　　visibility: hidden;

17　　　　clear: both;

18　　　　display: block;

19　　}

20　#c1-1, #c1-2, #c1-3 {　　　　　　 /* 定义了 c1-1、c1-2、c1-3 元素 */

21　　　　height: 150px;

22　　　　width: 150px;

23　　　　background-color: #F00;

24　　　　font-size: 30px;

25　　　　font-weight: bold;

26　　　　line-height: 150px;

27　　　　margin: 10px;

28　　　　float: left;

29　　}

30　</style>

31　</head>

32

33　<body>

34　<div id="c1">

35　　<div id="c1-1">c1-1</div>

36　　<div id="c1-2">c1-2 </div>

37　　<div id="c1-3" >c1-3 </div>

38 </div>

39 </div>

40 </body>

41 </html>

【案例 3-4】代码中，第 13~17 行为清除浮动的父元素应用的 after 对象样式。保存后运行结果如图 3-13 所示。

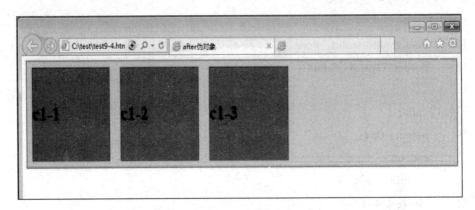

图 3-13　after 清除浮动的效果图

3.2.3　案例实现 1

（1）结构分析

如图 3-14（a）页面所示，"常规页面布局"页面的主题部分由<div>定义，一个父<div>里面放置 5 个子<div>，对其进行排列，效果如图 3-14（b）所示。

（2）样式分析

实现效果图 3-6 所示样式的思路如下：

① 通过父<div>对页面进行整体设置，包括设置页面的宽度、高度、居中方式及背景颜色。

② 对 5 个子<div>进行宽度、高度、背景颜色的设置。

③ 对 copyright<div>设置清除浮动效果。

（3）页面制作

根据以上分析，首先进行 HTML 代码的编辑，如【案例 3-5】所示。

【案例 3-5】

42　　<html>

43　　<head>

44　　<meta http-equiv="Content-Type" content="text/html; charset=utf-8" />

45　　<title>常规页面布局</title>

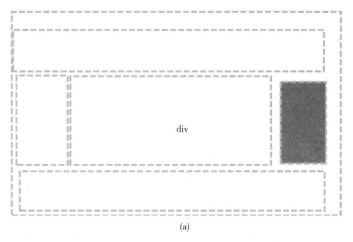

(a)

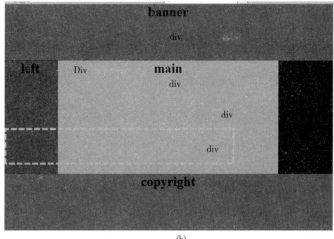

(b)

图 3-14 常规页面布局结构分析图

1 </head>

2 <body>

3 <div id="c1">

4   <div id="c1-1">banner</div>

5   <div id="c1-2">main</div>

6   <div id="c1-3">left</div>

7   <div id="c1-4">right</div>

8   <div id="c1-5">copyright</div>

9 </div>

10 </body>

11 </html>

运行效果如图 3-15 所示。

（4）定义 CSS 样式

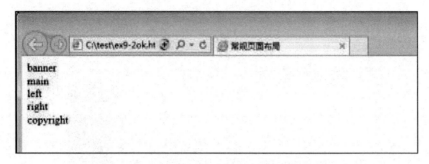

图 3-15　常规页面布局结构 HTML 效果图

在页面编辑过程中我们一般采用从整体到局部的搭建方式，先编辑 HTML 代码，再进行 CSS 样式的设置。具体步骤如下：

①定义基础样式。

```
1    *  { margin：0px；
2    padding：0px；}
3    body {
4      font-size：36px；
5      font-weight：bold；
6    }
```

②定义主框架部分。

```
1    #c1 {
2      width：900px；
3      height：600px；
4      border：1px solid #ccc；
5
6    }
```

③定义每个子元素。

```
1    #c1-1 {
2      width：900px；
3      height：150px；
4      background-color：#06C；
5      text-align：center；
6    }
7    #c1-2 {
8      width：600px；
9      height：300px；
```

```
10      background-color：#f00；
11      text-align：center；
12  }
13  #c1-3 {
14      width：300px；
15      height：300px；
16      background-color：#0f0；
17      text-align：center；
18  }
19  #c1-4 {
20      width：300px；
21      height：300px；
22      background-color：#006；
23      text-align：center；
24  }
25  #c1-5 {
26      width：900px；
27      height：150px；
28      background-color：#F36；
29      text-align：center；
30  }
```

通过以上步骤，完成了对"常规页面布局"主题页面的设置，刷新页面后效果如图 3-16 所示。

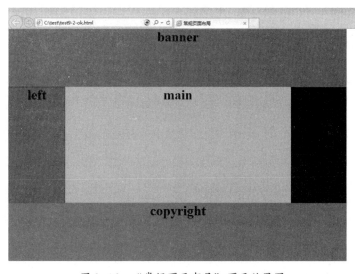

图 3-16　"常规页面布局"页面效果图

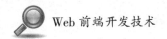

3.2.4 案例实现 2

（1）结构分析

如图 3-1 所示，"梅兰竹菊"页面的主题部分由<div>定义，4 张图片并列排列，可以使用<ul>命令进行定义，用<li>命令来存放每一张图片，效果图如图 3-17 所示。

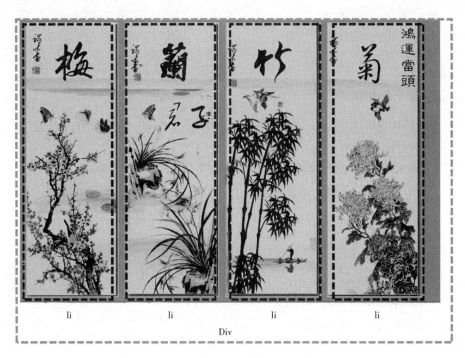

图 3-17 "梅兰竹菊"结构分析图

（2）样式分析

实现效果如图 3-17 所示样式的思路如下：

①通过 div 对页面进行整体设置，设置页面的宽度、高度、居中方式及背景颜色。

②利用 li 左浮动及右外边距设置页面内容。

（3）页面制作

根据以上分析，首先进行 HTML 代码的编辑，如【案例 3-6】所示。

【案例 3-6】

```
31   <html>
32   <head>
33   <meta http-equiv="Content-Type" content="text/html; charset=utf-8" />
34   <title>梅兰竹菊</title>
35   </head>
36
37   <body>
```

38 <div id=" cont" >

39   <ul>

40   <li><img src=" images/mei. jpg" /></li>

41   <li><img src=" images/lan. jpg" /></li>

42   <li><img src=" images/zhu. jpg" /></li>

43   <li><img src=" images/ju. jpg" /></li>

44   </ul>

45 </div>

46 </body>

47 </html>

48 </html>

运行后的效果如图 3-18 所示。

图 3-18　HTML 页面效果

（4）定义 CSS 样式

在页面的编辑过程中，一般采用先整体到局部的搭建方式，先编辑 HTML 代码，再进行 CSS 样式的设置。具体步骤如下：

①定义基础样式。

1 body, ul, li {

2   padding：0px；

3   margin：0px；

47

```
4    list-style：none；
5    }
```

②定义主框架部分。

```
1    #cont {
2      width：1000px；
3      height：700px；
4      margin：0px auto；
5      background-color：#999；
6      padding-top：10px；
7    }
```

③定义每个植物部分。

```
1    li {
2      margin-left：15px；
1      float：left；
2    }
```

通过以上步骤，完成了对"梅兰竹菊"主题页面的设置，刷新页面后效果如图 3-19 所示。

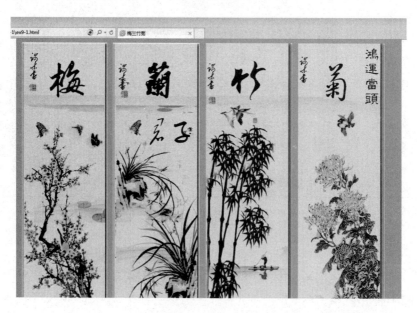

图 3-19　CSS 控制的"梅兰竹菊"页面效果

3.3 定位

3.3.1 案例描述

在网页中，需要对网页元素进行定位，定位的模式有很多种，接下来将利用新生开学报到流程的页面来学习定位。效果如图 3-20 所示。

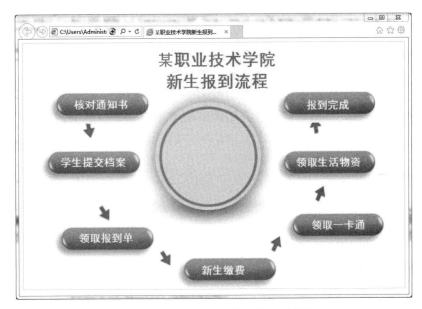

图 3-20 "新生报到流程"页面效果图

3.3.2 知识引入

制作网页时，如果希望元素出现在某个特定的位置，需要使用定位属性对元素进行精确定位。元素的定位属性主要包括定位模式和边偏移两部分，具体介绍如下。

①定位模式。在 CSS 中，position 属性用于定义元素的定位模式，其基本语法格式为：选择器 {position：属性值;}。

position 属性的常用值有 4 个，分别表示不同的定位模式，具体含义如表 3-4 所示。

表 3-4　　　　　　　　　　　　　position 常用的值及其属性

值	属性
relative	相对定位
absolute	绝对定位
static	自动定位（默认状态）
fixed	固定定位

②边偏移。在 CSS 中，可以通过边偏移属性来精确定义和定位元素的具体位置，属性值可以为不同单位的数值或百分比，具体解释如表 3-5 所示。

表 3-5   **position 常用的值及其属性**

值	属性
top	与父元素上边线的距离
bottom	与父元素下边线的距离
left	与父元素左边线的距离
right	与父元素右边线的距离

③相对定位。相对定位是根据元表相对于其在标准文档流中的位置进行定位。对元素设置相对定位后，可以通过边偏移属性改变元素的位置，需要注意的是元素在文档流中的位置仍然保留。相对定位的具体代码如【案例 3-7】所示，相对定位偏移效果如图 3-21 所示。

【案例 3-7】

```
3   <html>
4   <head>
5   <meta http-equiv="Content-Type" content="text/html;charset=utf-8" />
6   <title>相对定位</title>
7   <style type="text/css">
8   #c1 {
9     background-color:#ccc;
10    border:1px solid #f00;
11    margin:20px auto;
12    width:500px;
13    height:500px;
14    padding:5px;
15    border:1px solid #F00;
16
17  }
18  #c1-1,#c1-2,#c1-3 {          /*  定义了 c1-1、c1-2、c1-3 元素 */
19    height:100px;
20    width:150px;
21    background-color:#F00;
22    font-size:30px;
23    font-weight:bold;
24    line-height:150px;
```

```
25    margin：10px；
26    padding：10px；
27  }
28  #c1-2 {
29    position：relative；        /*相对定位relative*/
30    top：200px；               /*距离顶部200*/
31    left：200px；              /*距离顶部200*/
32  }
33  </style>
34  </head>
35
36  <body>
37  <div id="c1" >
38  <div id="c1-1" >c1-1</div>
39  <div id="c1-2" >c1-2 </div>
40  <div id="c1-3" >c1-3 </div>
41  </div>
42  </div>
43  </body>
44  </html>
```

在【案例3-7】代码中第59行，设置了第二个盒子的定位模式为相对定位，同时设置它们与顶部的距离为200px，与左边的距离为200px，但是以第二个盒子在文档中的默认位置进行偏移，第二个盒子在标准流中的位置仍然保留。

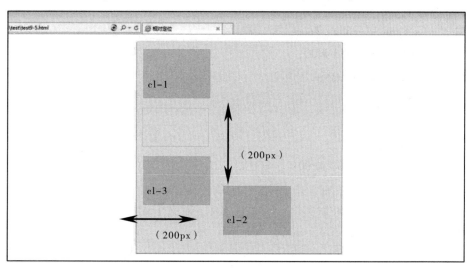

图3-21 相对定位偏移效果图

④绝对定位。绝对定位是将元素依据就近的已经定位的父元素进行定位，如果所有父元素都没有定位，则依据 body 根元素（浏览器窗口）进行定位。绝对定位的具体代码如【案例 3-8】所示，效果如图 3-22 所示。

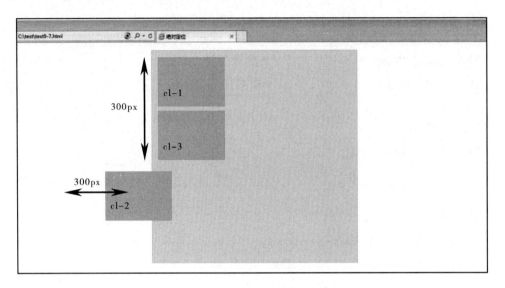

图 3-22　绝对定位效果图

【案例 3-8】

```
45   <html>
46   <head>
47   <meta http-equiv = " Content-Type"  content = " text/html; charset = utf-8" />
48   <title>绝对定位</title>
49   <style type = " text/css" >
50   #c1 {
51      background-color: #ccc;
52      border: 1px solid #f00;
53      margin: 20px auto;
54      width: 500px;
55      height: 500px;
56      padding: 5px;
57      border: 1px solid #F00;
58   }
59   #c1-1, #c1-2, #c1-3 {              /*  定义了 c1-1、c1-2、c1-3 元素 */
60      height: 100px;
61      width: 150px;
62      background-color: #F00;
```

```
63      font-size：30px；
64      font-weight：bold；
65      line-height：150px；
66      margin：10px；
67      padding：10px；
68    }
69   #c1-2｛
70      position：absolute；          /＊绝对定位 absolute ＊/
71      top：300px；                  /＊距离顶部线 300 ＊/
72      left：300px；                 /＊距离左边线部 300 ＊/
73      }
74  </style>
75  </head>
76
77  <body>
78  <div id＝"c1">
79    <div id＝"c1-1">c1-1</div>
80    <div id＝"c1-2">c1-2 </div>
81    <div id＝"c1-3">c1-3 </div>
82  </div>
83  </div>
84  </body>
85  </html>
```

在【案例 3-8】代码中，第二个盒子的父元素并没有进行定位，在文档中，第二个盒子以浏览器窗口进行定位，同时不再占据标准文档中的空间。

用绝对定位进行定位，当浏览器缩放时，第二个盒子的位置也会跟着变化，如图 3-23 所示。

为了防止绝对定位的元素随浏览器缩放，可以将其父元素设置为相对定位，但不设置偏移量，然后对子元素进行绝对定位，再设置其偏移值，具体代码如【案例 3-9】所示，效果如图 3-24 所示。

【案例 3-9】

```
86   <html>
87   <head>
88   <meta http-equiv＝"Content-Type" content＝"text/html；charset＝utf-8" />
89   <title>绝对定位</title>
90   <style type＝"text/css">
```

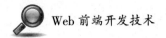

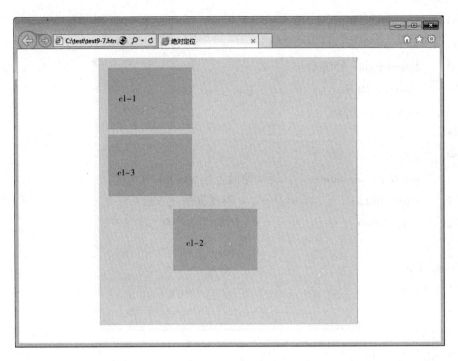

图 3-23　浏览器缩放后绝对定位效果图

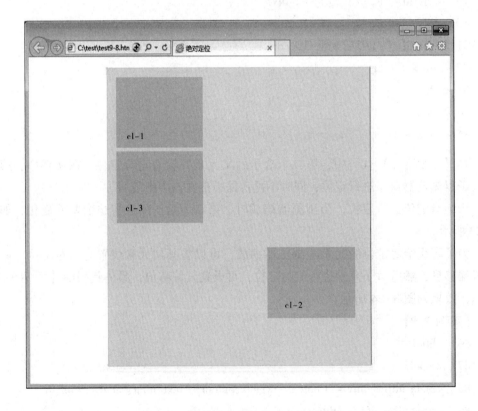

图 3-24　设置父元素后绝对定位效果图

```
91   #c1 {
92      position：relative；         /＊对父元素设置了相对定位 relative ＊/
93      background-color：#ccc；
94      border：1px solid #f00；
95      margin：20px auto；
96      width：500px；
97      height：500px；
98      padding：5px；
99      border：1px solid #F00；
100
101   }
102   #c1-1, #c1-2, #c1-3 {   /＊   定义了 c1-1、c1-2、c1-3 元素 ＊/
103      height：100px；
104      width：150px；
105      background-color：#F00；
106      font-size：30px；
107      font-weight：bold；
108      line-height：150px；
109      margin：10px；
110      padding：10px；
111
112   }
113   #c1-2 {
114      position：absolute；         /＊绝对定位 absolute ＊/
115      top：300px；                 /＊距离顶部线 300 ＊/
116      left：300px；                /＊距离左边线部 300 ＊/
117      }
118  </style>
119  </head>
120  <body>
121  <div id="c1" >
122    <div id="c1-1" >c1-1</div>
123    <div id="c1-2" >c1-2 </div>
124    <div id="c1-3" >c1-3 </div>
125  </div>
126  </div>
```

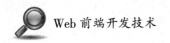
127 </body>

128 </html>

在【案例 3-9】中，通过第 9 行代码将父元素设置为相对定位，将第二个盒子设置为绝对定位，同时设置偏移值。在浏览器缩放过程中，第二个盒子的位置不再发生变化。当设置多个偏移值的时候，如果 left 和 right 冲突，以 left 为准；如果 top 和 bottom 发生冲突，以 top 为准。

3.3.3 案例实现

（1）结构分析

如图 3-17 所示，"常规页面布局"页面的主题部分由<div>定义，一个父<div>里面放置 7 个子<div>，进行排列，效果如图 3-25 所示。

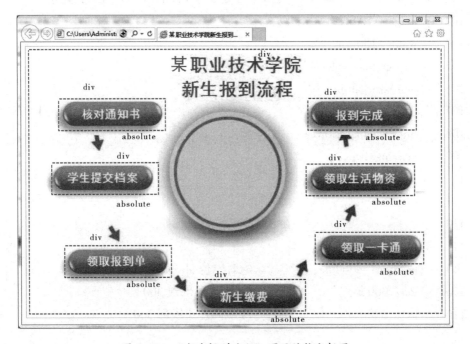

图 3-25 "新生报到流程"页面结构分析图

（2）样式分析

实现效果按照图 4-25 所示样式，思路如下：

①通过父<div>对页面进行整体设置，包括页面的宽度、高度、居中方式及背景颜色。

②对 7 个子<div>进行宽度、高度、背景颜色的设置。

③对父盒子设置相对定位，对 7 个子盒子进行绝对定位。

（3）页面制作

根据分析，首先进行 HTML 代码的编辑，如【案例 3-10】所示。

【案例3-10】

129 <html>

130 <head>

131 <meta http-equiv="Content-Type" content="text/html; charset=utf-8" />

132 <title>某职业技术学院新生报到流程</title>

133 </head>

134 <body>

135 <div id="div1">

136   <div class="c c1"><a href="#"></a></div>

137   <div class="c c2"><a href="#"></a></div>

138   <div class="c c3"><a href="#"></a></div>

139   <div class="c c4"><a href="#"></a></div>

140   <div class="c c5"><a href="#"></a></div>

141   <div class="c c6"><a href="#"></a></div>

142   <div class="c c7"><a href="#"></a></div>

143 </div>

144 </div>

145 </body>

146 </html>

运行效果如图3-26所示。

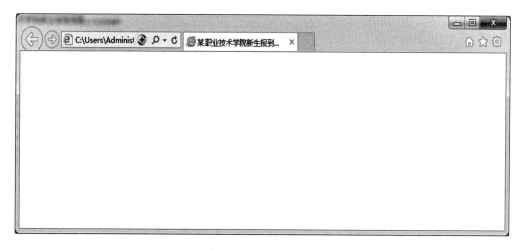

图3-26 常规页面布局结构HTML效果图

（4）定义CSS样式

在页面编辑过程中，一般采用从整体到局部的搭建方式，先编辑HTML代码，再进行CSS样式的设置。具体步骤如下：

①定义基础样式。

```
1  *｛margin：0px；
2  padding：0px；｝
3  body｛
4    font-size：36px；
5    font-weight：bold；
6  ｝
```

②定义主框架部分。

```
1  #div1｛
2    margin：0 auto；
3    width：875px；
4    position：relative；
5    background：url（images/bg1-1.png）；
6    height：550px；
7    border：1px solid #ccc；
8  ｝
9  /＊定位最外层盒子宽度与布局居中
10 margin：0 auto css 布局居中功能
11 position：relative 声明绝对定位
12 父级，设置宽度875px，高度为550，
13 将整个流程图作为图片设置为背景＊/
14 /＊position：relative 声明绝对定位，
15 将整个流程图作为图片设置为背景＊/
16 ｝
```

③定义公共的子盒子属性。

```
1  .c｛
2    position：absolute；
3    width：246px；
4    height：80px
5  ｝
6  /＊公用六个内容 class 设置宽度、高度、定位子级＊/
```

④定义每个子盒子的属性。

```
1. c1｛
2    background-image：url（images/1-1.jpg）；
3    left：50px；
```

```
4      top：100px；
5    }
6    /*定位第一个内容距离父级左边距离50px、距离上为100px距离*/
7    .c2 {
8      background-image：url（images/1-2.jpg）；
9      left：30px；
10     top：230px；
11   }
12   /*定位第二个内容距离父级左边距离30px、距离上为230px距离*/
13   .c3 {
14     background-image：url（images/1-3.jpg）；
15     left：60px；
16     top：400px；
17   }
18   /*定位第三个内容距离父级左边距离60px、距离上为400px距离*/
19   .c4 {
20     background-image：url（images/1-4.jpg）；
21     left：340px；
22     bottom：0px；
23   }
24   /*定位第四个内容距离父级左边距离340px、距离下为0距离*/
25   .c5 {
26     background-image：url（images/1-5.jpg）；
27     right：40px；
28     bottom：98px；
29   }
30     /*定位第五个内容距离父级右边距离40px、距离下为98px距离*/
31   .c6 {
32     background-image：url（images/1-6.jpg）；
33     right：59px；
34     bottom：238px；
35   }
36   /*定位第六个内容距离父级右边距离59px、距离下为238px距离*/
37   .c7 {
38     background-image：url（images/1-7.jpg）；
39     right：59px；
```

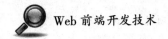

40　　top：100px；

41 }

42 /＊定位第七个内容距离父级右边距离 59px、距离上为 100px 距离 ＊/

通过以上步骤，完成了对"新生报到流程"主题页面的设置，刷新页面后效果如图 3-20 所示。

项目4 图像与超链接

学习目标

- 熟悉网页中常用的图片格式。
- 熟练掌握图片的属性设置，掌握在网页中插入图片。
- 理解相对路径和绝对路径的概念。
- 熟练掌握超链接的设置。
- 熟练掌握超链接目标窗口的设置。

4.1 插入图像

在页面中恰当运用图像，不仅能使网页更加生动直观，还可以改变网页的表现氛围，令网页表达信息更加明确，能更吸引浏览者的眼球。通过修饰图像来美化页面是网页编辑制作的基本技能之一。

网页中图像有 GIF、JPEG 和 PNG3 种格式。

（1）GIF 格式

GIF（Graphics Interchange Format，图形交换格式），是网页上应用广泛的图像文件格式之一。它采用无损压缩方式，体积小、下载速度快，主要用于制作和保存卡通、导航条、Logo 以及透明区域的图形和动画等，适合显示色调不连续或具有大面积单一颜色的图像。缺点是最多只能使用 256 种色彩，对于色彩复杂的图像的处理就显得力不从心了。

（2）JPEG 格式

JPEG（Joint Photographic Expert Group，联合图像专家组标准），是一种全彩影像压缩格式，它采用有损压缩方式去除冗余的图像和彩色数据，在获得极高压缩比的同时能展现十分丰富生动的图像，主要用于显示照片等颜色丰富的精美图像。

（3）PNG 格式

PNG（Portable Network Graphics，可移植网络图形），它汲取了 GIF 和 JPEG 两者的优点，存储形式丰富，兼有它们的色彩模式。它采用无损压缩方式减少文件的大小，能把图像文件压缩到极限，又能保留所有与品质有关的信息，是日渐流行的网络图像格式，但其缺点是不支持动画效果。

4.1.1 知识引入

在网页中插入图片，需要使用<img>标记。

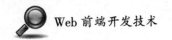

基本语法为：<img src = "图片文件路径" >。

语法说明：src 属性指定需要插入的图片文件路径和文件名，它是 img 标记的必设属性。除了该属性外，图像属性还包括图像大小、图像的链接、图像的文本说明、图像的边距、图像边框等常用属性，这些属性可以获得网页插入图像的不同表现效果。属性的具体含义如表 4-1 所示。

表 4-1　　　　　　　　　　　　　　　\<img/>标记的属性

属性	属性值	描述
src	URL	图像的路径
alt	文本	图像不能显示时的替换文本
title	文本	鼠标悬停时显示的内容
width	像素	设置图像的宽度
height	像素	设置图像的高度
border	数字	设置图像边框的宽度
vspace	像素	设置图像顶部和底部的空白（垂直边距）
hspace	像素	设置图像左侧和右侧的空白（水平边距）
align	left	将图像对齐到左边
	right	将图像对齐到右边
	top	将图像的顶端和文本的第一行文字对齐，其他文字居于图像下方
	middle	将图像的水平中线和文本的第一行文字对齐，其他文字居于图像下方
	bottom	将图像的底部和文本的第一行文字对齐，其他文字居于图像下方

表 4-1 对<img/>标记的常用属性作了简要的描述，为了使初学者更好地理解和应用这些属性，下面对它们进行详细讲解。

（1）设置图像大小

使用<img>标记插入图像，默认情况下将插入原始大小的图像，如果想在插入时修改图像的大小，可以使用 height 和 width 属性来实现。

基本语法为：<img src = "图片文件路径"width = "宽度"height = "高度" >。

语法说明：宽度和高度可以是像素值，也可以是百分数。如果是像素值，则直接写其中一个数值即可，另一个会按原图等比例显示，如果同时设置两个属性且其比例和原图大小的比例不一致，显示的图像就会变形或失真。百分数是相对于浏览器窗口的一个比例。

【案例 4-1】设置图像大小

43 <html>

44 <head>

45 <meta http-equiv = "Content-Type" content = "text/html; charset = utf-8" />

46 <title>图像的宽高设置</title>

47 </head>

48 <body>

49 <imgsrc = "images/1. jpg" width = "160" height = "30%" >

50 <imgsrc = "images/1. jpg" >

51 </body>

52 </html>

（2）设置图像提示文本

有时为了对网页上的图像做某些方面的描述说明，或是当网页图像无法显示时要用文本告诉用户该图像的内容，可以在制作网页时通过图片的 alt 属性对图像设置提示文本。

基本语法为：<img src = "图片文件路径" alt = "提示文本">。

语法说明：提示文本中的内容可以包括空格、标点，以及一些特殊字符。

（3）设置图像的边框

默认情况下，插入的图像是没有边框的，有时我们设计网页时为了获得某种效果，需要给图像添加边框、设置边框的宽度，但边框颜色的设置在 HTML 中是无法实现的，需要结合 CSS 完成设置。

基本语法为：<img src = "图片文件路径" border = "边框宽度">。

语法说明：边框宽度的单位是像素，最小值是 1。

对图像的宽度、高度以及边框进行设置如【案例 4-2】所示。

【案例 4-2】设置图像宽度、高度及边框

53 <html>

54 <head>

55 <meta http-equiv = "Content-Type" content = "text/html; charset = utf-8" />

56 <title>图像的宽高设置</title>

57 </head>

58 <body>

59 <imgsrc = "images/1. jpg" alt = "该图片使用了默认的高度和宽度" >

60 </body>

61 </html>

（4）设置图像与周围对象的间距

默认情况下，图像与周围对象的水平间距与垂直间距都为 0，这个间距很多时候并不符合我们的设计需要，有时候排版还需要调整图像的边距，使用图片的 hspace 和 vspace 属性可以分别设置图像的水平间距和垂直间距。

基本语法为：<img src = "图片文件路径" hspace = "水平间距" vspace = "垂直间距">。

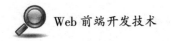
语法说明：可以根据需要只设置水平间距或垂直间距，间距的单位是像素。

（5）设置图像的对齐方式

默认情况下，插入的图像在水平方向放置在后面对象的左边，在垂直方向则与周围对象的底端对齐。我们可以使用 align 属性修改图像对齐方式。

基本语法为：<img src="图片文件路径" align="对齐方式">。

对图像的间距以及对齐方式进行设置，如【案例 4-3】所示。

【案例 4-3】设置图像的间距以及对齐方式

62 <html>

63 <head>

64 <meta http-equiv="Content-Type" content="text/html; charset=utf-8" />

65 <title>图像的间距以及对齐方式</title>

66 </head>

67 <body>

68 <imgsrc="images/1.jpg" vspace="2" hspace="5">

69 <imgsrc="images/1.jpg">默认情况下，图像与周围对象的水平间距与垂直间距都为 0，对这样的一个间距，很多时候都不符合我们的设计需要，<imgsrc="images/1.jpg" align="right">由于排版需要，有时候还需要调整图像的边距，使用图片的 hspace 和 vspace 属性可以分别设置图像的水平间距和垂直间距。

70 </body>

71 </html>

在【案例 4-3】中，为了使水平间距和垂直间距的显示效果更明显，我们给图像添加了 1 像素的边框，并且使用了"align=right"使图像左对齐。

4.2 超链接

浏览者通过单击文本与图像可以从一个页面跳到另一个页面，或从页面的一个位置跳到另一个位置，实现这样功能的对象称为超链接。超链接根据源端点的不同，可分为文字链接、图像链接和其他元素链接。根据目标端点的不同，可分为内部链接、外部链接、热点链接、电子邮件链接以及空链接等。

4.2.1 知识引入

（1）超链接标记<a>

超链接标记<a>既可以用来设置超链接，也可以用来设置标签。

基本语法为：<a href="目标端点" target="目标窗口弹出方式">源端点</a>。

语法说明：源端点可以是文本，也可以是图像。

① href：用于指定链接目标的 url 地址，当用户单击源端点后，页面将跳转到 url

所指页面。

②target：用于指定链接页面的打开方式，其取值有_ self 和_ blank 两种。其中_ self为默认值，意为在原窗口中打开，_ blank 为在新窗口中打开。

（2）超链接的链接路径

每个文件都有一个指定自己所处的位置的标识。对于网页来说，这个标识是 URL，对于文件而言则是它的路径，即文件所在的目录和文件名。

要正确创建链接，必须了解链接与被链接文档之间的路径，弄清楚作为链接起点的文档与目标文档之间的文件路径。常见的链接路径主要有以下两种类型：

①绝对路径：文件的完整路径，一般是指带有盘符的路径或完整的网络地址。

②相对路径：相对于当前文件的路径。相对路径不带有盘符，通常以 HTML 网页文件为起点，通过层级关系描述目标图像的位置。

超链接通常采用"/"指定下一级文件夹，"../"指定上一级文件夹。在实际应用中，主要采用相对路径来描述目标文件的位置。

相对路径的设置通常分为以下 3 种：

目标文件和网页文件位于同一目录：只需输入目标文件的名称即可。

目标文件位于网页文件的下一级目录：需在目标文件名前添加"下一级目录名/"，输入文件夹名和文件名，文件夹名与文件名之间用"/"分隔开，如 < imgsrc = "images/top. gif" >。

目标文件位于网页文件的上一级目录：需在目标文件名前添加"../"。如果目标文件位于网页文件的上级目录的子目录 images 中，则其引用地址为<imgsrc = "../images/top. gif" >。

需要注意的是：使用相对路径时，如果在网站中改变了某个网页文件的位置或是要把整个网站移植到其他地址的站点中，不需要手工修改文档的链接路径。但绝对路径与此不同，因此通常选择相对路径的方式来链接文件。

创建一个带有超链接功能的页面，如【案例 4-4】所示。

【案例 4-4】创建超链接

```
72 <html>
73 <head>
74 <meta http-equiv = "Content-Type" content = "text/html; charset=utf-8" />
75 <title>创建超链接</title>
76 </head>
77 <body>
78 <a href = "1. html" >超链接页面</a>
79 </body>
80 </html>
```

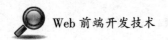

（3）内部链接与外部链接

内部链接是指在同一个网站内部不同网页之间的链接关系。

基本语法为：<a href="file_ url" target="目标窗口弹出方式">源端点</a>。

语法说明："file_ url"表示链接文件的路径，一般使用相对路径。

外部链接是跳转到网站外部，以建立本网站的页面或元素与其他网站中的页面或其他元素之间的链接关系。

基本语法为：<a href="URL" target="目标窗口弹出方式">源端点</a>。

语法说明："URL"表示链接文件的路径，一般情况下，该路径需要使用绝对路径。常用的 URL 格式如表 4-2 所示。

表 4-2　　　　　　　　　　常用 URL 格式

URL 格式	服务	描述
http：//	www	进入万维网
mailto：	E-mail	启动邮件系统
ftp：//	FTP	进入文件传输服务器
telnet：//	Telent	启动远程登录方式
news：//	News	启动新闻讨论组

接下来将创建一个带有内部链接和外部链接功能的页面，如【案例 4-5】所示。

【案例 4-5】创建内部链接和外部链接

81 <html>

82 <head>

83 <meta http-equiv="Content-Type" content="text/html; charset=utf-8" />

84 <title>创建超链接</title>

85 </head>

86 <body>

87 <a href="1. html">内部超链接页面</a>

88 <a href="http：//www. ybzy. cn">链接到某职业技术学院</a>

89 </body>

90 </html>

（4）书签链接

书签链接指的是目标端点为当前网页中的某个书签的链接。创建书签链接涉及两个步骤：创建书签和创建书签链接。

①创建书签。创建书签的标记与链接标记一样，都使用<a>标记。基本语法为：<a name="书签名">［文字/图片］</a>。

语法说明：［文字/图片］中的"［ ］"表示文字或图片可有可无，书签将在光

标处建立一个为 "name" 属性值所定义的书签。注意：书签名不能含有空格。

②创建书签链接。基本语法有两种：

a. 链接到同一页面中的书签，称为内部书签链接，语法为：<a href="#书签名" >源端点</a>。

b. 链接到其他页面中的书签，称为外部书签链接，语法为：<a href="file_url#书签名" >源端点</a>。

语法说明：如果书签与书签链接在同一页面，则链接路径为#号加书签名；如果书签和书签链接分处在不同的页面，则必须在书签名及#号前加书签所在的页面路径。

创建一个带有书签链接功能的页面，如【案例4-6】所示。

【案例4-6】创建书签链接

```
91   <html>
92   <head>
93   <meta http-equiv="Content-Type" content="text/html; charset=utf-8" />
94   <title>创建书签链接</title>
95   </head>
96   <body>
97   <a name="HTML" >HTML 教程</a>
98   <p><a href="#fst" >第1章 HTML 基础</a></p>
99   <p><a href="#snd" >第2章 页面的头部标记</a></p>
100  <p><a href="#thd" >第3章 页面的主体标记</a></p>
101  <p>
102  <a name="fst" >第1章 HTML 基础</a><br/>
103     这一章中主要介绍了一些 HTML 的相关概念。。。。。。
104  </p>
105  <p>
106  <a name="snd" >第2章 页面的头部标记</a><br/>
107     这一章中主要介绍了一些标记。。。。。。
108  </p>
109  <p>
110  <a name="thd" >第3章 页面的主体标记</a><br/>
111     这一章中主要介绍了如何进行网页的设置。。。。。。
112  </p>
113  <a href="#HTML" >返回</a>
114  </body>
115  </html>
```

（5）文件下载

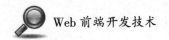

当链接的目标文档属于 . docx、. zip、. xlsx、. pptx、. exe 等类型时，可以获得文件下载链接。要创建文件下载，只需在链接地址处输入文件路径即可。当用户单击链接后，浏览器会自动判断文件类型并做出不同情况的处理。

基本语法为：<a href="file_ url" >链接内容 </a>。

【案例 4-7】创建文件下载链接

116　　<html>

117　　<head>

118　　<meta http-equiv="Content-Type" content="text/html; charset=utf-8" />

119　　<title>创建书签链接</title>

120　　</head>

121　　<body>

122　　<a href="HTML 表单 . docx" >word 文档下载</a>

123　　<a href="pass. exe">可执行文件下载</a>

124　　</body>

125　　</html>

（6）图像链接

图像链接是指源端点为图像文件的链接。

基本语法为：<a href="file_ url" ><src="img_ url" ></a>。

语法说明：file_ url 指明了链接目标端点，img_ url 指明了图像文件路径。默认情况下，图像链接中的图像会显示蓝色边框线，如果不想显示边框，可设置其属性 border=0。

【案例 4-8】创建图像链接

126　　<html>

127　　<head>

128　　<meta http-equiv="Content-Type" content="text/html; charset=utf-8" />

129　　<title>创建图像链接</title>

130　　</head>

131　　<body>

132　　<a href=http：//www. 51yala. com/html/20061012. html target="_ blank" >

133　　<imgsrc="images/jiuzaigou. jpg" >

134　　</a>

135　　</body>

136　　</html>

项目5　列表与超链接

学习目标

● 理解无序列表、有序列表及定义列表的使用方法。

● 熟悉利用无序列表、有序列表及定义列表进行列表和菜单的制作。

● 掌握利用列表与超链接的伪类实现菜单的制作。

列表是网页中非常重要的网页构成，通过列表可以将页面中大量的信息有序地排列，条理清楚，使用超链接的伪类可以制作一些特效，本项目将对元素的列表与超链接伪类进行详细讲解。

5.1　个人主页列表

5.1.1　案例描述

在制作个人主页等网页的时候，经常需要对信息进行分类，使用户更方便地查找页面，同时也使网页的结构更加美观。接下来将学习"个人主页列表"主题页面的制作，其效果如图5-1所示。

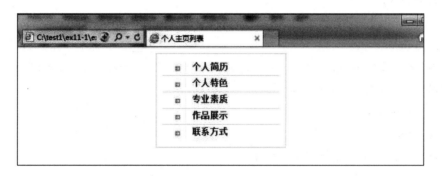

图5-1　"个人主页"主题页面效果图

5.1.2　知识引入

（1）无序列表

无序列表是一个没有特定顺序的列表项的集合，也称为项目列表。在无序列表中，列表之间属于并列关系，没有先后顺序之分，它们之间以项目符号来标记。使用无序

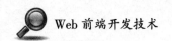
列表标签 ul 的 type 属性（或使用 CSS 的 list-style 来代替），用户可以指定出现在列表项前的项目符号样式，主要有：disc（实心圆点）、circle（空心圆点）、square（实心方块）、none（无项目符号）。其语法格式为：

<ul>
<li>列表项 1</li>
<li>列表项 2</li>
<li>列表项 3</li>
……
</ul>

在此语法格式中，<ul></ul>标记用于定义无序列表，具体的列表内容放在<li>列表当中，同时每个列表项目都有一个项目符号，在无序列表中，项目符号的类型有 3 种，具体如表 5-1 所示。

表 5-1　　无序列表常用 type 的值及其属性

属性值	效果
disc	●
circle	○
square	■
none	没有列表

接下来一起创建一个无序列表，如【案例 5-1】所示。

【案例 5-1】

```
137   <html>
138   <head>
139   <meta http-equiv="Content-Type" content="text/html; charset=utf-8" />
140   <title>无序列表</title>
141   </head>
142   <body>
143   <h2>电子信息与控制工程系</h2>
144   <ul type="square"  >
145   <li>计算机网络专业</li>
146   <li>电子信息与技术专业</li>
147   <li>通信技术专业</li>
148   </ul>
149   <h2>建筑工程系</h2>
150   <ul type="circle"  >
```

151　<li>工程造价专业</li>

152　<li>建筑装饰专业</li>

153　<li>园林专业</li>

154　</ul>

155　</body>

156　</html>

运行【案例 5-1】，效果如图 5-2 所示。

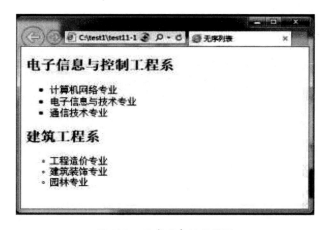

图 5-2　无序列表的效果图

无序列表同时可以嵌套其他列表，如【案例 5-2】所示。

【案例 5-2】

157　<html>

158　<head>

159　<meta http-equiv="Content-Type" content="text/html; charset=utf-8" />

160　<title>列表嵌套</title>

161　</head>

162　<body>

163　<h2>四川省</h2>

164　<ul type="square" >

165　<li>宜宾市</li>

166　<ul type="circle" >

167　<li>叙州区</li>

168　<li>兴文县</li>

169　<li>筠连县</li>

170　<li>珙县</li>

171　<li>高县</li>

172　</ul>

173　<li>成都市</li>

174　<li>绵阳市</li>

175　<li>成都市</li>

176　<li>绵阳市</li>

177　</ul>

178　</body>

179　</html>

运行【案例 5-2】，效果如图 5-3 所示：

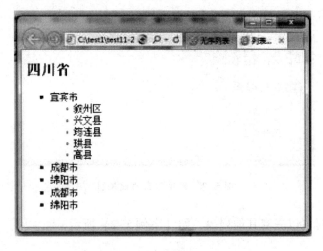

图 5-3　列表嵌套的效果图

（2）有序列表

按照字母或数字等顺序排列列表项目，需要注意有序列表的结果是带顺序的编号，插入和删除一个列表项时后续列表编号会自动调整，其语法格式为：

<ol>

<li>列表项 1</li>

<li>列表项 2</li>

<li>列表项 3</li>

……

</ol>

在此语法格式中，<ol></ol>标记用于定于有序列表，具体的列表内容放在<li>列表当中，同时每个列表项目都有一个项目编号，有序列表中的项目序列相关属性具体如表 5-2 所示。

属性	属性值	效果
start	数字	定义项目符号的起始值
value	数字	定义项目符号的数字
type	1	项目符号为 1，2，3
	A 或 a	项目符号为 A，B，C 或 a，b，c
	I 或 i	项目符号为 I，II，III 或 i，ii，iii

表 5-2　　　　　　　　　　有序列表常用 type 的值及其属性

接下来创建一个有序列表，如【案例 5-3】所示。

【案例 5-3】

```
180    <html>
181    <head>
182    <meta http-equiv="Content-Type" content="text/html; charset=utf-8" />
183    <title>有序列表</title>
184    </head>
185    <body>
186    <ol>
187        <li>有序列表</li>
188        <li>有序列表</li>
189        <li>有序列表</li>
190    </ol>
191    <ol    type=a start=2>
192        <li>第 1 项</li>
193        <li>第 2 项</li>
194        <li>第 3 项</li>
195        <li>第 4 项</li>
196    </ol>
197    <ol    type= I start=2>
198        <li>第 1 项</li>
199        <li>第 2 项</li>
200        <li>第 3 项</li>
201    </ol>
202    </body>
203    </html>
```

运行【案例 5-3】，效果如图 5-4 所示。

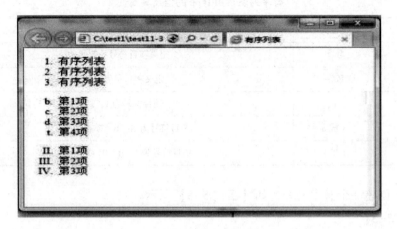

图 5-4 有序列表嵌套的效果图

5.1.3 案例实现

（1）结构分析

由图 5-1 所示，"个人主页"页面中的 5 个项目是一个无序排列，可以使用\<ul\>进行定义，\<li\>来存放一个系列，同时有一张背景图片放在页面左边，结构分析图如图 5-5 所示。

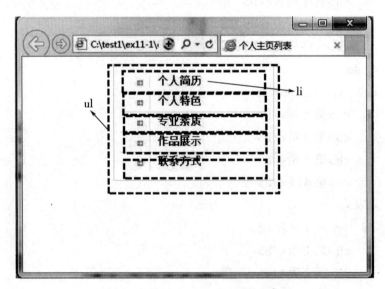

图 5-5 "个人主页"页面结构分析图

（2）样式分析

实现效果图 5-5 所示样式的思路如下：

①先设置\<ul\>的属性。

②利用\<li\>添加宽度和高度及背景图片。

（3）页面制作

根据分析，首先进行 HTML 代码的编辑，如【案例 5-4】所示。

【案例 5-4】

204　<html>

205　<head>

206　<meta http-equiv="Content-Type" content="text/html; charset=utf-8" />

207　<title>个人主页列表</title>

208　</head>

209　<body>

210　<ul id="c1">

211　　<li><a href="#">个人简历</a></li>

212　　<li><a href="#">个人特色</a></li>

213　　<li><a href="#">专业素质</a></li>

214　　<li><a href="#">作品展示</a></li>

215　　<li class="last"><a href="#">联系方式</a></li>

216　</ul>

217　</body>

218　</html>

运行后的效果如图 5-6 所示。

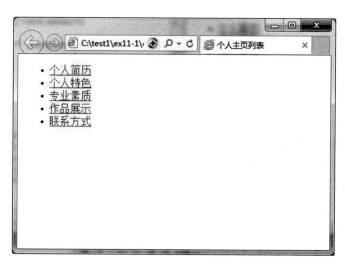

图 5-6　HTML 页面效果

（4）定义 CSS 样式

在页面编辑过程中，一般采用由整体到局部的搭建方式，先编辑 HTML 代码，再进行 CSS 样式的设置。具体步骤如下：

75

①定义基础样式。

```
219  body, ul, li {
220      padding: 0px;
221      margin: 0px;
222      list-style: none;
223  }
```

②定义主框架部分。

```
224  #c1 {
225      margin: 0 40px 10px 20px;
226      font-size: 15px;
227      line-height: 20px;
228      width: 200px;
229      padding: 10px;
230      margin-bottom: 10px;
231      border: 1px solid #DDD;
232      margin: 10px auto;
233  }
```

③定义每个列表。

```
234  #c1 li {
235      border-bottom: 1px #DDD solid;
236      line-height: 20px;
237  }
```

④设置鼠标移到链接上的效果，定义每个列表。

```
238  #c1 li a {
239      display: block;
240      text-decoration: none;
241      color: #555;
242      padding: 3px 0;
243      padding-left: 50px;
244      font-weight: bold;
245      background-image: url (images/bullet-green. gif);
246      background-repeat: no-repeat;
247      background-position: left center;
248  }
249  #c1 li a: hover {
```

250　　　background-image：url（images/bullet-red.gif）；

251　　}

⑤为最后一个项目添加一个白色下边线。

252　#c1 li.last {

253　　　border-bottom：1px white solid；

254　　}

通过以上步骤，完成了对"个人主页"主题页面的设置，刷新页面后效果如图 5-7 所示。

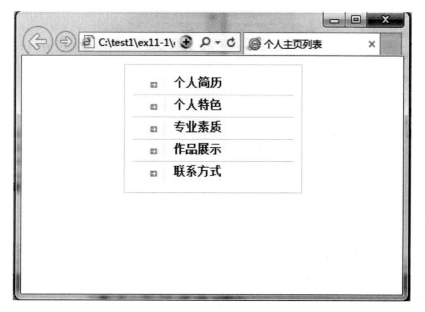

图 5-7　CSS 控制的"个人主页"页面效果

5.2　手机展示

5.2.1　案例描述

在网站建设中，经常需要将图片及其解释进行列表，例如通过将手机图片进行定义列表的方式，可以让人们非常直观地了解手机的相关信息，如图 5-8 所示。

5.2.2　知识引入

定义列表一般用于进行名词的解释或者产品的解释，没有任何项目符号，其基本语法结构为：

图 5-8   "手机页面"页面效果

```
<dl>
    <dt>定义名词</dt>
        <dd>定义描述</dd>
        <dd>定义描述</dd>
        ……
</dl>
```

其中，<dl></dl>标记用于定义列表，<dt></dt>用于定义名词，<dd></dd>用于解释，一个 <dt></dt>可以对应多个<dd></dd>，具体用法如【案例 5-5】所示。

【案例 5-5】

255   <html>

256   <head>

257   <meta http-equiv="Content-Type" content="text/html; charset=utf-8" />

258   <title>定义列表</title>

259   </head>

260   <body>

261   <dl>

262   　<dt>计算机网络技术</dt>

263   　<dd>属性：计算机科学</dd>

264   　<dd>简介：计算机网络技术是通信技术与计算机技术相结合的产物。计算机网络是按照网络协议，将地球上分散的、独立的计算机相互连接的集合。连接介质可以是电缆、双绞线、光纤、微波、载波或通信卫星。计算机网络具有共享硬件、软件和数据资源的功能，具有对共享数据资源集中处理及管理和维护的能力。</dd>

265 </dl>

266 </body>

267 </html>

在【案例 5-5】代码中，<dl></dl>定义列表，<dt></dt>用于定义名词"计算机网络技术"，<dd></dd>用于解释"计算机网络技术"，其中 1 个<dt></dt>对应了 2 个<dd></dd>。效果如图 5-9 所示。

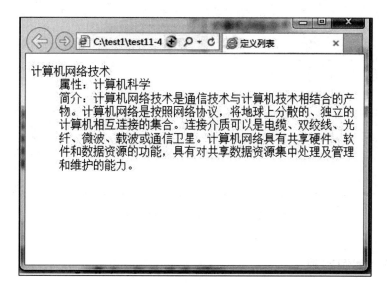

图 5-9　定义列表效果图展示

除了对名字进行解释外，还能对产品图片进行解释，如【案例 5-6】所示。

【案例 5-6】

268 <html>

269 <head>

270 <meta http-equiv="Content-Type" content="text/html; charset=utf-8" />

271 <title>定义列表图文混排</title>

272 </head>

273 <body>

274 <dl>

275 <dt><img src="images/java. jpg" width="198" height="200" /></dt>

276 <dd>Java 是一门面向对象编程语言，不仅吸收了 C++语言的各种优点，还摒弃了 C++里难以理解的多继承、指针等概念，因此 Java 语言具有功能强大和简单易用两个特征。Java 语言作为静态面向对象编程语言的代表，极好地实现了面向对象理论，允许程序员以优雅的思维方式进行复杂的编程 Java 具有简单性、面向对象、分布式、健壮性、安全性、平台独立与可移植性、多线程、动态性等特点[2]。Java 可以编写桌

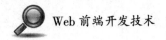

面应用程序、Web 应用程序、分布式系统和嵌入式系统应用程序等</dd>

277　　</dl>

278　　</body>

279　　</html>

运行后的效果图如图 5-10 所示。

图 5-10　图片与文字混合排版效果图

5.2.3　案例实现

（1）结构分析

如图 5-11 所示，"手机展示"页面的主题部分由<div>定义，一个父<div>里面放置 4 个<dl>，进行排列，结构分析图如图 5-11 所示。

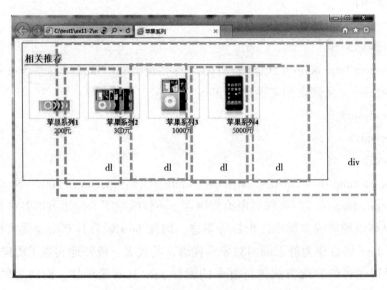

图 5-11　"手机展示"页面布局结构分析图

（2）样式分析

实现效果图 5-11 所示样式的思路如下。

①通过父<div>对页面进行整体设置，设置页面的宽度、高度、居中方式及背景颜色。

②对 4 个子<dl>进行宽度、高度、背景颜色的设置。

（3）页面制作

根据上述分析，首先进行 HTML 代码的编辑，如【案例 5-7】所示。

【案例 5-7】

```
280  <html>
281  <head>
282  <meta http-equiv = "Content-Type" content = "text/html; charset = utf-8" />
283  <title>苹果系列</title>
284  </head>
285  <body>
286  <div class = "c1" >
287    <h2>相关推荐</h2>
288    <dl>
289      <dt><a href = "#" >
290        <div><img  src = " images/ex1. jpg" /></div>
291        </a></dt>
292      <dd><strong>苹果系列 1</strong></dd>
293      <dd>200 元</dd>
294    </dl>
295    <dl>
296      <dt><a href = "#" >
297        <div><img src = " images/ex4. jpg" /></div>
298        </a></dt>
299      <dd><strong>苹果系列 2</strong></dd>
300      <dd>300 元</dd>
301    </dl>
302    <dl>
303      <dt><a href = "#" >
304        <div><img src = " images/ex2. jpg" /></div>
305        </a></dt>
306      <dd><strong>苹果系列 3</strong></dd>
307      <dd>1000 元</dd>
```

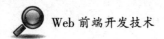

308   </dl>

309   <dl>

310   <dt><a href="#" >

311   <div><img src=" images/ex3. jpg" /></div>

312   </a></dt>

313   <dd><strong>苹果系列 4</strong></dd>

314   <dd>5000 元</dd>

315   </dl>

316   </div>

317   </body>

318   </html>

运行效果如图 5-12 所示。

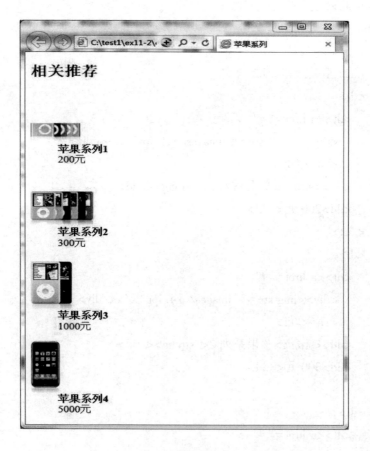

图 5-12   页面布局结构 HTML 效果图

（4）定义 CSS 样式

在页面的编辑过程中，一般采用先整体后局部的搭建方式，先编辑 HTML 代码，再进行 CSS 样式的设置。具体步骤如下：

①定义主框架部分。

```
319   .c1 {
320       margin：10px；
321       width：700px；
322       height：300px；
323       padding：5px；
324       border：1px #930 solid；
325   }
```

②定义每个子元素。

```
326   .c1 h2 {
327       padding-top：20px；
328       width：600px；
329       margin-top：0px；
330       color：#069；
331       border-bottom：1px #930 solid；
332       font：bold 22px/24px 楷体_ GB2312；
333   }
334   .c1 dl {
335       margin-top：20px；
336       float：left；
337       width：120px；
338       margin：0 10px；
339       text-align：center；
340       display：inline；/＊For IE 6 bugs＊/
341   }
342   .c1 div {
343       padding：5px；
344       border：1px #DFE9AB solid；
345   }
346   .c1 a：hover {
347       color：#FFF；
348   }
349   .c1 a：hover div {
350       border：1px #464F15 solid；
351   }
```

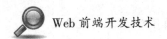

通过以上步骤，完成了对"手机展示"主题页面的设置，刷新页面后效果如图 5-13 所示。

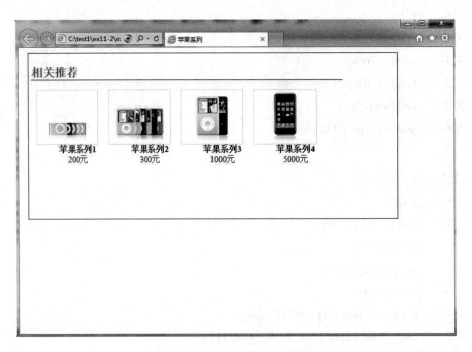

图 5-13 "手机展示"页面效果图

5.3 列表菜单

5.3.1 案例描述

在制作网页的时候，我们经常需要列表菜单，方便用户进行页面浏览和查找，也使网页的结构更加美观。接下来一起学习"网页菜单"主题页面的制作，效果图如图 5-14 所示。

图 5-14 "网页菜单"页面效果图

5.3.2　知识引入

● 链接伪类

在前面我们已经学习了超链接，而在 CSS 中可以通过链接伪类实现不同的链接状态，使得超链接在单击前、单击后和鼠标悬停时的样式不同。所谓伪类是说它并不是真正意义上的类，它的名称是由系统定义的，通常由标记名、类名或 id 名加 "："" 构成。超链接标记<a>的伪类有 4 种，具体如表 5-3 所示。

表 5-3　　　　　　　　　　　　　超链接标记<a>的伪类

伪类	效果
a：link	未访问超链接的状态
a：visited	访问后超链接的状态
a：hover	鼠标移动到超链接上的状态
a：active	鼠标单击不动时超链接的状态

下面伪类进行超链接的制作，代码如【案例 5-8】所示。

【案例 5-8】

```
352   <html>
353   <head>
354   <meta http-equiv="Content-Type" content="text/html; charset=utf-8" />
355   <title>伪类链接</title>
356   <style type="text/css">
357   li {
358      list-style: none;
359      margin: 20px;
360   }
361   a：link {                          /* 未访问时的超链接状态 */
362      text-decoration: none;         /* 设置超链接没有下划线 */
363      color: #0f0;
364   }
365   a：visited {                       /* 访问了超链接后状态 */
366      color: #f00;
367   }
368   a：hover {
369      color: #00f;
370      font-weight: bolder;           /* 设置鼠标移到超链接上时字体变大 */
```

```
371    }
372    a：active {                              /＊鼠标悬停时＊/
373      color：#000；
374      font-weight：lighter；
375    }
376    </style>
377    </head>
378
379    <body>
380    <ul>
381      <li><a href="#" >学院主页</a></li>
382      <li><a href="#" >校园新闻</a></li>
383      <li><a href="#" >系部介绍</a></li>
384      <li><a href="#" >人事工作</a></li>
385      <li><a href="#" >招生就业</a></li>
386      <li><a href="#" >联系方式</a></li>
387    </ul>
388    </body>
389    </html>
```

在【案例 5-8】代码中，设置超链接访问前的颜色为绿色，没有下划线（默认状态下超链接是有下划线的）。设置访问后的颜色为红色，注意：通常情况下，将超链接没有访问的颜色和超链接被访问后的效果设置为不一致。设置鼠标移动至超链接的时候文字字体变粗，同时颜色变成蓝色。设置鼠标悬停的字体的颜色为黑色，字体变细。效果如图 5-15 所示。

图 5-15　伪类设置效果图

需要注意的是：超链接的 4 种伪类设置要按照 a：link、a：visited、a：hover、a：active 的顺序进行书写，否则定义的样式可能不能起作用。

由于<a>为行级标签，没有高度和宽度，因此可以将<a>设置为块级标签，这样就可以设置超链接的背景颜色或其他效果了，如【案例 5-9】所示。

【案例 5-9】

```
390  <html>
391  <head>
392  <meta http-equiv="Content-Type" content="text/html; charset=utf-8" />
393  <title>伪类链接</title>
394  <style type="text/css" >
395  li {
396      list-style：none；
397      margin：5px；
398  }
399  a：link {                                    /* 未访问时的超链接状态 */
400      display：block；
401      width：200px；
402      height：30px；
403      text-decoration：none；
404      color：#f00；
405      background-color：#CCC；
406      text-align：center；
407      line-height：30px；
408      border：1px solid #ccc；
409  }
410  a：visited {                                 /* 访问了超链接后状态 */
411      color：#f00；
412  }
413  a：hover {
414      color：#00C；
415      font-weight：bolder；         /* 设置鼠标移到超链接上时字体变大 */
416  }
417  a：active {                                 /* 鼠标悬停时 */
418      color：#000；
419      font-weight：lighter；
420  }
```

```
421    </style>
422    </head>
423    <body>
424    <ul
425       <li><a href="#" >学院主页</a></li>
426       <li><a href="#" >校园新闻</a></li>
427       <li><a href="#" >系部介绍</a></li>
428       <li><a href="#" >人事工作</a></li>
429       <li><a href="#" >招生就业</a></li>
430       <li><a href="#" >联系方式</a></li>
431    </ul>
432    </body>
433    </html>
```

在【案例 5-9】代码中，设置了超链接 display：block，将其转化为块级标签，就可以实现块级标签的属性了，效果如图 5-16 所示。

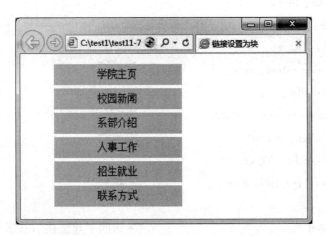

图 5-16　设置超链接为块级标签效果图

5.3.3　案例实现

（1）结构分析

如图 5-14 所示，"列表菜单"页面中的 7 个项目无序排列，可以使用<ul>进行定义，用<li>来存放一个系列，结构分析图如图 5-17 所示。

（2）样式分析

实现效果图 5-17 所示样式的思路如下：

①先设置大框架的属性。

②再设置顶部 Logo 的属性。

图 5-17　结构图分析图

③在<ul>中设置<li>和<a>的属性，添加宽度和高度以及鼠标移动上去时的效果。

（3）页面制作

根据上述分析，首先进行 HTML 代码的编辑，如【案例 5-10】所示。

【案例 5-10】

```
434    <html>
435    <head>
436    <meta http-equiv="Content-Type" content="text/html; charset=utf-8" />
437    <title>网页菜单</title>
438    <style type="text/css">
439    </head>
440    <body>
441    <div id="c1">
442       <h1></h1>
443       <div id="c1-1">
444         <div id="c1-2">
445           <ul id="c1-3">
446             <li class="firstChild"><a href="#">系部首页</a></li>
447             <li><a href="#">专业介绍</a></li>
448             <li><a href="#">系部新闻</a></li>
449             <li><a href="#">党团组织</a></li>
450             <li><a href="#">学生活动</a></li>
451             <li><a href="#">专业实践</a></li>
452             <li class="lastChild"><a href="#">图片新闻</a></li>
453           </ul>
454           <div class="clearBoth"></div>
```

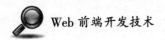
455   </div>

456 </div>

457 </div>

458 </body>

459 </html>

运行后的效果图，如图 5-18 所示。

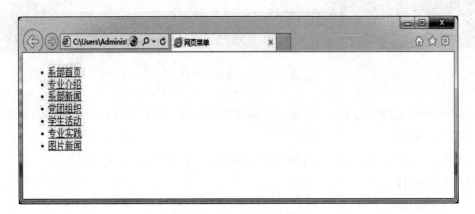

图 5-18 HTML 页面效果

（4）定义 CSS 样式

在页面编辑过程中，一般采用先整体后局部的搭建方式，先编辑 HTML 代码，再进行 CSS 样式的设置。具体步骤如下：

①定义基础样式。

460 body {

461 font: 12px/1.5 Verdana, Arial, Helvetica, sans-serif;

462 background-color: #444;

463 margin: 0;

464 }

②定义主框架部分。

465 #c1 {

466 margin: 0 auto;

467 padding: 0;

468 width: 756px;

469 color: #BBB;

470 }

③定义 Logo 部分。

471 h1 {

```
472        margin：0px；
473        height：165px；
474        width：756px；
475        background-image：url（123.jpg）；
476    }
```

④设置鼠标移到链接上的效果，定义每个列表。

```
477    #c1-1 {
478        background-color：#ccc；
479        background-image：url（'top.gif'）；
480        background-repeat：no-repeat；
481        padding-top：3px；
482        margin-top：2px；
483    }
484    #c1-2 {
485        background-image：url（'bottom.gif'）；
486        background-repeat：no-repeat；
487        background-position：bottom；
488        padding-bottom：7px；
489    }
490    #c1-3 {
491        width：500px；
492        padding：0；
493        margin：0；
494        color：#000；
495    }
496    #c1-3 li {
497        float：left；
498        list-style-type：none；
499        border-left：1px #aaa solid；
500        border-right：1px #eee solid；
501        background：#ccc；
502    }
503    #c1-3 li a {
504        display：block；
505        padding：5px 10px；
506        color：#333；
```

```
507      text-decoration：none；
508  }
509  #c1-3 li a：hover {
510      background-color：#eee；
511  }
```

⑤设置第一项目的左边框和最后一个项目的右边框不显示。

```
512  #c1-3 li. firstChild {
513      border-left：none；
514  }
515  #c1-3 li. lastChild {
516      border-right：none；
517  }
```

⑥清理浮动的影响。

```
518  . clearBoth {
519      clear：both；
520  }
```

通过以上步骤，完成了对"网页菜单"主题页面的设置，刷新页面后效果如图 5-19 所示。

图 5-19 CSS 控制的"网页菜单"页面效果

5.4 网页下拉菜单列表

5.4.1 案例描述

在制作网页的时候，为了达到更好的视觉效果，往往需要对菜单进行美观设计。

接下来学习"校园新闻下拉菜单"主题页面的制作，其效果图如图5-20所示。

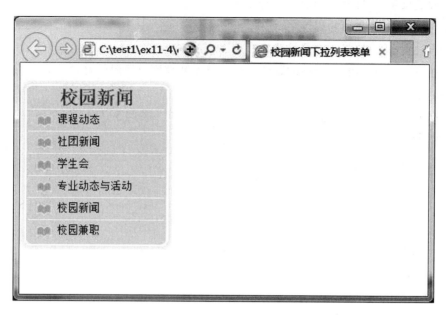

图5-20 "校园新闻下拉菜单"页面效果图

5.4.2 案例实现

（1）结构分析

如图5-20所示，"校园新闻下拉菜单"页面中的6个项目为无序排列，可以使用\<ul\>进行定义，用\<li\>来存放一个系列，结构分析图如图5-21所示。

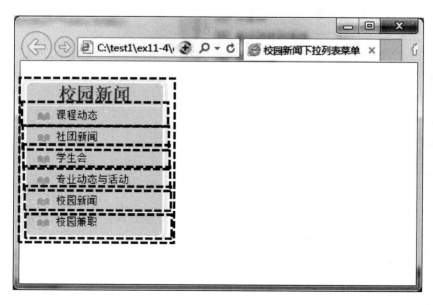

图5-21 结构分析图

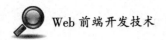

（2）样式分析

实现效果图 5-21 所示样式的思路如下：

①先设置外部\<div>的属性。

②再设置\<div>顶部和底部的背景图片。

③在\<ul>中设置\<li>和\<a>的属性，添加宽度和高度以及鼠标移动上去时的效果。

（3）页面制作

根据上述分析，首先进行 HTML 代码的编辑，如【案例 5-11】所示。

【案例 5-11】

```
521  <html>
522  <head>
523  <meta http-equiv="Content-Type" content="text/html; charset=utf-8" />
524  <title>校园新闻下拉列表菜单</title>
525  </head>
526  <body>
527  <div id="c1">
528    <div id="c1-1"> <span>
529      <h2>校园新闻</h2>
530      <ul>
531        <li><a href="#">课程动态</a></li>
532        <li><a href="#">社团新闻</a></li>
533        <li><a href="#">学生会</a></li>
534        <li><a href="#">专业动态与活动</a></li>
535        <li><a href="#">校园新闻</a></li>
536        <li><a href="#">校园兼职</a></li>
537      </ul>
538    </span> </div>
539  </div>
540  </body>
541  </html>
```

运行后的效果如图 5-22 所示。

（4）定义 CSS 样式

在页面编辑过程中，一般采用先整体后局部的搭建方式，先编辑 HTML 代码，再进行 CSS 样式的设置。具体步骤如下：

①定义基础样式。

```
542  body {
543    margin: 0;
```

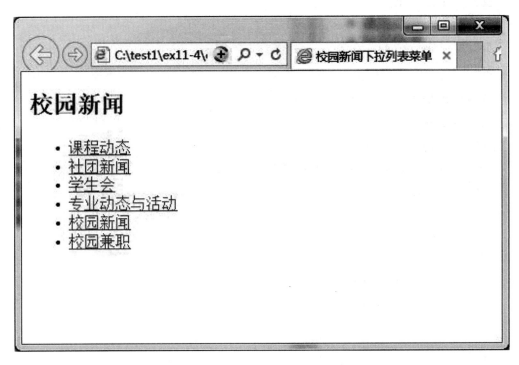

图 5-22　HTML 页面效果

544	font：12px/1.6 Arial；

```
544    font：12px/1.6 Arial；
545    }
546    a {
547    text-decoration：none；
548    color：#464F15；
549    border：0；
550    }
551    a img {
552    border：none；
553    }
554    ul {
555    margin：0；
556    padding：0；
557    list-style-type：none；
558    }
559
```

②定义主框架部分。

```
560    #c1 {
```

```
561        float：left；
562        width：185px；
563        margin-right：10px；
564    }
```

③定义菜单的上下部分背景。

```
565    #c1 div {
566        margin-top：20px；
567        background：transparent url（'bottom. png'）no-repeat bottom；
568        width：100%；
569    }
570    #c1 div span {
571        display：block；
572        background：transparent url（'top. png'）no-repeat；
573        padding：10px；
574    }
```

④设置菜单标题。

```
575    #c1 h2 {
576        margin：0px；
577        font：bold 22px/24px 楷体_ GB2312；
578        color：#069；
579        text-align：center；
580    }
```

⑤设置列表的属性及鼠标移动到超链接的效果。

```
581    #c1 #c1-1 li {
582        font-size：13px；
583        height：25px；
584        line-height：25px；
585        border-top：1px white solid；
586    }
587    #c1 #c1-1 li a {
588        display：block；
589        padding-left：35px；
590        background：transparent url（'bullet. png'）no-repeat 10px center；
591        height：25px；
592    }
```

593　#c1 #c1-1 li a：hover ｛

594　　display：block；

595　　color：#069；

596　　background：white url（'hover.png'）no-repeat 10px center；

597　｝

598　｝

通过上述步骤，完成了对"校园新闻下拉列表菜单"主题页面的设置，刷新页面后效果如图 5-23 所示。

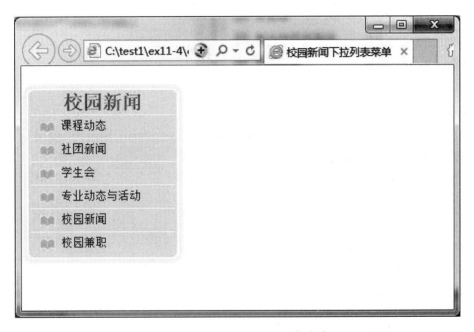

图 5-23　CSS 控制的"校园新闻下拉列表菜单"页面效果

5.5　学习网页菜单

5.5.1　案例描述

在制作网页头部的时候，为了达到更好的分类效果，菜单编辑使用得非常普遍。接下来一起学习"网页菜单"主题页面的制作，其效果图如图 5-24 所示。

5.5.2　知识引入

为了让菜单看上去更漂亮一些，往往需要用背景或图片等去修饰菜单的背景，当菜单的文字统一时，这一点很好实现，但如果菜单的文字长度是不规则的，我们应该将它的宽度设置为随着菜单文字多少而自动适应。实现菜单自适应的操作代码如【案

图 5-24　"学习网页菜单"页面效果图

例 5-12】所示。

【案例 5-12】

599　`<html>`

600　`<head>`

601　`<meta http-equiv="Content-Type" content="text/html; charset=utf-8" />`

602　`<title>自适应菜单制作</title>`

603　`<style type="text/css">`

604　

605　`a {`

606　　`display: block;`

607　　`height: 35px;`

608　　`line-height: 35px;`

609　　`text-align: center;`

610　　`background: url (images/bg1. png) no-repeat 0px 0px;`

611　　`color: #d84700;`

612　　`font-size: 14px;`

613　　`weight: bold;`

614　　`text-decoration: none;`

615　　`padding-left: 18px;`

616　　`float: left;`

617　　`margin: 5px;`

618　`a span {`

619　　`display: block;`

620　　`background: url (images/bg1. png) no-repeat right 0px;`

621　　`padding-right: 20px;`

622　`}`

```
623    a：hover ｛
624       background：url（images/ahover. png）no-repeat 0px 0px；
625    ｝
626    a：hover span ｛
627       background：url（images/ahover. png）no-repeat right 0px；
628    ｝
629    </style>
630    </head>
631    <body>
632    <p><a href＝"#" ><span>账户</span></a>
633       <a href＝"#" ><span>个人信息</span></a>
634       <a href＝"#" ><span>如何进行合理的学习</span></a></p>
635
636    </body>
637    </html>
```

在【案例 5-12】代码中，第 14 行设置了超链接的背景图片，第 19 行设置了左边空出 18px，展示菜单左边的背景，第 27 行再次设计超链接的背景图片，第 28 行设置右边出现 20px 的间距，用于显示菜单右边的背景，同时对鼠标移至时的效果进行设置。这样，无论菜单里面的文字有多长，都不影响菜单的显示，就完成了自适应菜单的制作。效果如图 5-25 所示。

图 5-25　"自适应菜单"页面效果图

5.5.3　案例实现

（1）结构分析

如图 5-24 所示，"学习网页菜单"页面中，一个大的<div>里面放置<h1>，同时设置 2 个<ul>定义菜单，结构分析图如图 5-26 所示。

（2）样式分析

实现图 5-26 所示样式的思路如下：

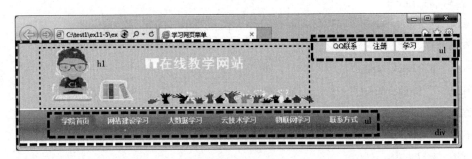

图 5-26　结构分析图

①先设置外部<div>的属性。

②再设置<div>顶部的背景图片。

③在 2 个<ul>中设置<li>和<a>的属性，添加宽度和高度，利用菜单自适应技术，设置菜单的背景及鼠标移上去时的效果。

（3）页面制作

根据上述分析，首先进行 HTML 代码的编辑，如【案例 5-13】所示。

【案例 5-13】

```
638  <html>
639  <head>
640  <meta http-equiv="Content-Type" content="text/html; charset=utf-8" />
641  <title>学习网页菜单</title>
642  </head>
643  <body>
644  <div id="c1">
645    <h1></h1>
646    <ul id="c1-1">
647      <li class="current"><a href="#"><strong>学院首页</strong></a></li>
648      <li><a href="#"><strong>网站建设学习</strong></a></li>
649      <li><a href="#"><strong>大数据学习</strong></a></li>
650      <li><a href="#"><strong>云技术学习</strong></a></li>
651      <li><a href="#"><strong>物联网学习</strong></a></li>
652      <li><a href="#"><strong>联系方式</strong></a></li>
653    </ul>
654    <ul id="c1-2">
655      <li><a href="#"><span>QQ 联系</span></a></li>
656      <li><a href="#"><span>注册</span></a></li>
657      <li><a href="#"><span>学习</span></a></li>
```

```
658     </ul>
659   </div>
660   </body>
661   </html>
```

运行后的效果如图 5-27 所示。

图 5-27 HTML 页面效果

（4）定义 CSS 样式

在页面编辑过程中，一般采用先整体后局部的搭建方式，先编辑 HTML 代码，再进行 CSS 样式的设置。具体步骤如下：

①定义基础样式。

```
662   body {
663       margin：0；
664       background：white url（'bg. png'）repeat-x；
665       font：12px/1. 6 Arial；
666   }
667   ul {
668       margin：0；
669       padding：0；
670       list-style-type：none；
671   }
672   a {
673       text-decoration：none；
674       color：#464F15；
675       border：0；
676   }
```

②定义主框架部分。

677　#c1 {
678　　　position：relative；
679　　　width：760px；
680　　　height：192px；
681　　　margin：0 auto；
682　　　font：14px/1.6 arial；
683　　}

③定义 Logo 部分。

684　#c1 h1 {
685　　　background：transparent url（1.JPG）no-repeat；
686　　　height：125px；
687　　　width：543px；
688　　　margin：0；
689　　　padding-left：10px；
690　　}

④设置顶部菜单。

691　#c1 #c1-2 {
692　　　position：absolute；
693　　　top：0；
694　　　right：0；
695　　}
696　#c1 #c1-2 li {
697　　　float：left；
698　　　padding：0 2px；
699　　}

⑤设置顶部菜单超链接及鼠标移动上去时的效果。

700　#c1 #c1-2 a {
701　　　display：block；
702　　　line-height：20px；
703　　　padding：0 0 0 14px；
704　　　background：transparent url（'white.png'）no-repeat；
705　　　float：left；　　/*For IE 6 bug*/
706　　}
707　#c1 #c1-2 a span {

```
708        display：block；
709        padding：0 14px 0 0；
710        background：transparent url（'white. png'）no-repeat right；
711   }
712   #c1 #c1-2 a：hover {
713        color：white；
714        background：transparent url（'hover1. png'）no-repeat；
715   }
716   #c1 #c1-2 a：hover span {
717        background：transparent url（'hover1. png'）no-repeat right；
718   }
```

⑥设置主菜单。

```
719   #c1 #c1-1 {
720        position：absolute；
721        color：white；
722        font-weight：bold；
723        top：137px；
724        left：0；
725   }
726   #c1 #c1-1 li {
727        float：left；
728        padding：5px；
729   }
```

⑦设置主菜单超链接及鼠标移动上去时的效果。

```
730   #c1 #c1-1 a {
731        display：block；
732        line-height：25px；
733        text-decoration：none；
734        padding：0 0 0 14px；
735        color：white；
736        float：left；     /＊For IE 6 bug＊/
737   }
738   #c1 #c1-1 a strong {
739        display：block；
740        padding：0 14px 0 0；
741   }
```

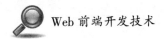

742 #c1 #c1-1 a：hover {

743   color：white；

744   background：transparent url（'hover.png'）no-repeat；

745 }

746 #c1 #c1-1 a：hover strong {

747   background：transparent url（'hover.png'）no-repeat right；

748   color：#464F15；

749 }

⑧设置第一个菜单的超链接效果。

750 #c1 #c1-1 .current a {

751   color：white；

752   background：transparent url（'navi.png'）no-repeat；

753 }

754 #c1 #c1-1 .current a strong {

755   color：white；

756   background：transparent url（'navi.png'）no-repeat right；

757 }

通过以上步骤，完成了对"学习网页菜单"主题页面的设置，刷新页面后效果如图 5-28 所示。

图 5-28　CSS 控制的"学习网页菜单"页面效果

项目6 CSS基础

学习目标

- 掌握 CSS 样式规则，能规范书写 CSS 样式代码。
- 掌握 CSS 字体样式和文本外观属性，能够控制页面中文本的样式。
- 掌握 CSS 复合选择器，能够组合选择页面中的元素。
- 理解 CSS 层叠性、继承性与优先级，学会控制网页中的元素。

在前面的章节中，学习了使用 HTML 标记来制作网页，使用标记的属性来对网页进行修饰，但是，这种方式存在很大的不足，例如页面维护困难、代码不利于阅读、页面美观效果不足等。如果想对这些问题进行改善，做到页面简单美观大方且维护轻松方便，就要使用 CSS 样式。本项目将对 CSS 样式的基本语法、引入方式、选择器、高级特性以及常用的样式进行详细的讲解。

6.1 古诗欣赏

6.1.1 案例描述

中华文明源远流长，中华诗词博大精深。中国古代诗词蕴含着丰富的文化内涵、深刻的哲学道理，本小节将通过页面呈现一首古典诗词，用 CSS 样式来控制诗词文字的效果，其效果如图 6-1 所示。

凉州词二首

唐代：王之涣

黄河远上白云间，一片孤城万仞山。

羌笛何须怨杨柳，春风不度玉门关。

单于北望拂云堆，杀马登坛祭几回。

汉家天子今神武，不肯和亲归去来。

图 6-1 "古诗欣赏"效果展示

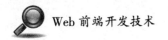

6.1.2 知识引入

（1）规范书写 CSS 样式规则

CSS（Cascading Style Sheet）即层叠样式表，主要功能是用来美化页面和页面布局，使用 CSS 样式要遵从一定的书写规范。想要熟练地使用 CSS 样式对网页进行美化，首先需要掌握 CSS 的样式规则，样式规则是 CSS 的基本单位，每个样式规则由选择器（selector）及一条或多条声明组成，声明之间用分号；隔开，每条声明由一个属性和一个值组成。具体格式如下：

选择器 {属性1：属性值1；属性2：属性值2；属性3：属性值3；}

选择器通常是需要改变样式的 HTML 元素，声明块包裹在一对花括号 {} 中。声明块由一条或多条声明组成，每条声明由一个属性和一个值组成，属性和值之间用冒号：隔开。属性是我们希望设置的样式属性，每个属性有一个值。

例如：

h1 { color：red；font-size：14px；}

上述样式规则中，h1 是选择器，设置了两个属性对象。第一个属性是 color，属性值为 red；第二个是 font-size 属性，属性值为 14px。样式规则的结构如图 6-2 所示。

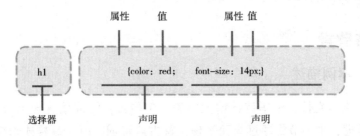

图 6-2　CSS 样式规则的结构

上述规则表示为页面上的所有 h1 标题应用样式，其作用是将 h1 元素内的文本颜色定义为红色，同时将字体大小设置为 14 像素。

在学习 CSS 样式时，除了要遵循 CSS 样式规则，还必须注意 CSS 代码的几个特点，具体包括：

① CSS 样式的选择器名称对大小写是敏感的，严格区分大小写，属性和值不区分大小写，一般习惯全部小写。

② 多个声明之间用英文状态下的分号隔开，最后一个分号也可以省略。

③ 如果一个属性值由多个单词组成且中间包括空格，这个属性值必须要加上英文状态下的双引号。例如：p {font-family：" Georgia, Palatino, serif"；}

④ 在编写 CSS 代码时，为了提高代码的可读性，通常加上注释，注释不会在页面上显示。例如：h1 { color：red；} 　 /*设置h1字体颜色为红色*/

⑤ CSS 代码中空格是不被解析的，花括号以及分号前后的空格可有可无，空格可

以是空格键、Tab 键、回车键等，使用空格可以对 CSS 代码进行排版，以提高代码的可阅读性。例如：p｛text-align：center；color：red；font-size：60px；｝

或：

```
p ｛
    text-align：center；
    color：black；
    font-size：60px；

｝
```

上述两段代码所呈现的结果是一样的，下面这段代码的可阅读性更高，不容易出错。

需要注意的是，属性的值和单位之间不能出现空格，否则会出错。

例如：p｛font-size：60 px；｝ /＊ 60 和 px 之间有空格 ＊/

（2）正确引入 CSS 样式表

当读到一个样式表时，浏览器会根据它来格式化 HTML 文档。引入样式表的方法有 3 种：

①内联方式。内联方式又称为行内式，指的是直接在 HTML 标签中的 style 属性中添加 CSS，Style 属性可以包含任何 CSS 属性。基本语法格式如下：

<标记名 style＝"属性 1：属性值 1；属性 2：属性值 2；" >内容</标记名>

例如：

<p style＝"color：#dddddd；margin-left：20px" >

使用 style 属性设置样式，改变段落的颜色和左外边距：

　　　</p>

其含义为：在段落标记<p>中使用 style 属性设置样式，改变段落的颜色和左外边距。

通过上面的代码我们可以看出，内联方式是通过标记的属性来控制样式的，没有做到结构与表现的分离，一般很少使用，只有在样式规则较少且该元素仅使用一次或者临时修改某样式规则时使用。

②嵌入方式。嵌入方式指的是在 HTML 头部中的 <style> 标签下书写 CSS 代码。

语法格式如下：

<head>

<style type＝"text/css" >

选择器 ｛属性名称：属性值；属性名称：属性值；｝

</style>

</head>

该语法中，<style>标记位于<head>标记中的<title>标记之后，也可以放置于 html

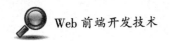

文档中的任何地方。但是由于浏览器解析代码是从上至下的，因此一般把 CSS 代码放置于头部位置，便于提前下载和解析，同时设置 style 属性 type 的值为"text/css"，这样浏览器才知道<style> 标记中包含的是 CSS 代码，因为 style 标记中不仅可以包含 CSS 代码，还可以包含 JavaScript 之类等其他代码。

下面通过一个案例来学习内嵌 CSS 样式，如【案例 6-1】所示。

【案例 6-1】

```
758   <html>
759   <head>
760   <title>使用嵌入方式</title>
761   <style type="text/css" >
762   h1 {color：#00ff00}
763   p {color：#aabbcc；font-size：20px；}
764   </style>
765   </head>
766   <body>
767   <h1>这是 heading 1</h1>
768   <p>请注意，使用了嵌入式样式，style 标记属性设置位于 head 头部标记中，
改变了字体颜色和大小。</p>
769   </body>
770   </html>
```

【案例 6-1】中，头部使用了 style 标记定义内嵌 CSS 样式，分别设置了<h1>标记的颜色和<p>标记的文本颜色和字体大小。运行效果如图 6-3 所示。

查看结果：

这是 heading 1

请注意，使用了嵌入式样式，style标记属性设置位于 head头部标记中，改变了字体颜色和大小。

图 6-3　案例 1 效果展示

嵌入方式的 CSS 只对当前的网页有效。因为 CSS 代码是在 HTML 文件中，所以使得代码比较集中，当我们写模板网页时这样通常比较有利。因为查看模板代码的人可以一目了然地看到 HTML 结构和 CSS 样式。但是因为嵌入的 CSS 只对当前页面有效，所以当多个页面需要引入相同的 CSS 代码时，这样写会导致代码冗余，也不利于维护。

③外部样式表。外部样式表也称为链入式，当样式需要应用到很多页面时，我们

可以把所有样式放到一个或多个以 ".css" 为扩展名的外部样式表文件中。在使用外部样式表的情况下，可以通过改变一个文件来改变整个站点的外观。每个页面使用 <link> 标签链接到样式表。<link> 标签在（文档的）头部，其语法格式如下：

    <head>

    <link rel="stylesheet" type="text/css" href="css 文件的路径" />

    </head>

该语法中，<link>标记需要放在<head>头部标记中，<link>标记有 3 个属性，具体如下：

href：指定引用外部样式表的地址，可以是相对路径，也可以是绝对路径。

rel：指定当前文档与引用外部文档的关系，该属性值通常为 stylesheet，表示定义一个外部样式表。

type：引用外部文档的类型为 CSS 样式表，这里指定为 "text/css"。

如何在网页中引入外部样式表，如【案例 6-2】所示。

【案例 6-2】

步骤 1：新建一个 html 文件，在该文件中写入如下代码，文件名保存为 demo2.html。

771   <html>

772   <head>

773   <title>使用外部 css 样式表</tltle>

774   </head>

775   <body>

776   <h1>CSS 外部样式表</h1>

777   <p>通过外部链接的 CSS 样式文件链接到 html 文档中，改变本段落的样式</p>

778   </body>

779   </html>

步骤 2：创建 CSS 文件。打开 dreamweaver，在菜单中选择 "文件" — "新建"，在弹出的 "新建文档" 窗口选择【CSS】选项，单击 "创建"，弹出一个 CSS 文件编辑窗口。在该窗口中输入以下代码，文件名保存为 style.css，将文件保存在 demo2.html 所在的文件夹中。

h1 {color：#00ff00}

p {color：#aabbcc；font-size：20px；}

外部样式表可以在任何文本编辑器中进行编辑。文件不能包含任何 html 标签。

步骤 3：链接 CSS 外部样式表。在 demo2.html 文档的<head>标记后使用<link>语句，将外部样式文件 style.css 链接到 demo2.html 中，具体代码如下：

<link rel="stylesheet" type="text/css" href=" style.css" />

然后保存 demo2.html，在浏览器中查看 demo2.html 的运行效果。

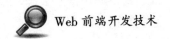

外部样式表最大的好处是同一个样式表可以被不同的页面文件链接使用，同时一个页面文件也可以通过<link>来链接多个 CSS 样式表。外部样式表是使用频率最高的，也是最容易维护和阅读的，它将 HTML 代码和 CSS 代码分离为两个或多个文件，实现了结构和表现的完全分离，使得网页的前期制作和后期维护都十分方便。

（3）CSS 基本选择器

将 CSS 样式应用于特定的 HTML 元素时，首先要找到该目标元素。在 CSS 中，执行这一任务的样式规则部分被称为选择器，CSS 基本选择器包括 4 个，如图 6-4 所示。

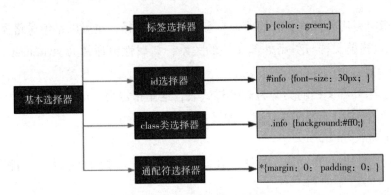

图 6-4　CSS 的 4 种基本选择器

①标签选择器。标签选择器使用 HTML 标记名称作为选择器，作用是为页面中的某个标记指定统一的 CSS 样式。基本语法格式如下：

标签名 ｛属性 1：属性值 1；属性 2：属性值 2；属性 3：属性值 3；｝

所有的 HTML 标记名都可以作为标签选择器，如 p、h1、a、table 等，甚至可以是 html 本身。例如：

<style type="text/css">

h1 ｛color：#00ff00｝

p ｛color：#aabbcc；font-size：20px；｝

</style>

标签选择器最大的优点就是可以快速为页面中同一类型的标记设置统一格式，其缺点是不能对同一类标签进行差异化格式设置。

②id 选择器。id 选择器可以为标有特定 id 的 HTML 元素指定特定的样式。id 选择器以 "#" 来定义。基本语法格式如下：

#id 名 ｛属性 1：属性值 1；属性 2：属性值 2；属性 3：属性值 3；｝

需要注意：类名的第一个字母不能用数字，并且要严格区分大小写，一般采用小写。下面通过【案例 6-3】来学习。

【案例 6-3】

780　<head>

781　<meta http-equiv="Content-Type" content="text/html；charset=utf-8" />

782　<title>类选择器</title>

783　<style type="text/css">

784　#red ｛color：#F00；｝

785　#green ｛color：#090；｝

786　#font1 ｛font-size：24px；｝

787　#font2 ｛font-size：24px；｝

788　p ｛text-decoration：underline；font-family：" 叶根友特隶简体"；｝

789　</style>

790　</head>

791　<body>

792　<h1 id="red" >一级标题文本，id="red" 红色显示 </h1>

793　<p id="green font1" >第一个段落，id="green font2" </p>

794　<p id="red" >第二个段落，id="red" </p>

795　<p id="font2" >第三个段落，id="font2" </p>

796　</body>

797　</html>

【案例 6-3】中定义了 4 个 id 属性，并通过相应的 id 选择器进行了设置。运行效果如图 6-5 所示。

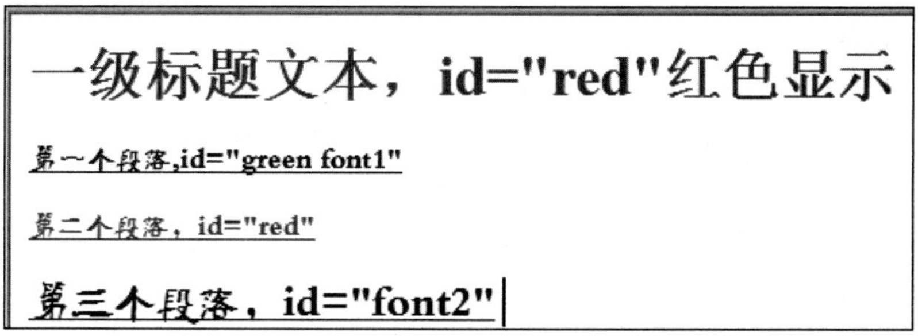

一级标题文本，id="red"红色显示

第一个段落,id="green font1"

第二个段落，id="red"

第三个段落，id="font2"

图 6-5　案例 4 效果显示

在【案例 6-3】中，第 1 行和第 3 行显示都用了 id="red" 来定义样式，虽然浏览结果显示正确，但是这种做法是不允许的，因为后面要学到的脚本命令调用 id 时会搞不清调用的是第 1 行的 id 还是第 3 行的 id，这样就会出错。另外，第 2 行使用了 id="green font1"，它的显示结果并不正确，字体颜色和大小均没有改变，这就说明，id 选择器不像 class 选择器一样可以定义多个值，因此 id="green font1" 这样的写法是错误的。

③class 类选择器。class 类选择器使用"."（英文状态圆点）进行标识，后面紧跟类名，基本语法格式如下：

. 类名 ｛属性 1：属性值 1；属性 2：属性值 2；属性 3：属性值 3；｝

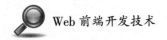

例如：

<style>

    . one ｛font-family：宋体；font-size：24px；color：#FF0000；｝

</style>

类名为页面中 HTML 标签的 class 属性，大多数的 HTML 标签都可以定义 class 属性。类名的第一个字母不能用数字，并且要严格区分大小写，一般采用小写。下面我们通过一个案例学习类选择器，如【案例 6-4】所示。

【案例 6-4】

```
798    <html>
799    <head>
800    <meta http-equiv="Content-Type" content="text/html; charset=utf-8" />
801    <title>类选择器</title>
802    <style type="text/css">
803    . red ｛color：#F00；｝
804    . green ｛color：#090；｝
805    . font2 ｛font-size：24px；｝
806    p ｛text-decoration：underline；font-family:" 叶根友特隶简体";｝
807    </style>
808    </head>
809    <body>
810    <h1 class=" red" >一级标题文本，红色显示 </h1>
811    <p class=" green font2" >第一个段落的文本内容</p>
812    <p class=" red font2" >第二个段落的文本内容</p>
813    <p>第三个段落的文本内容</p>
814    </body>
815    </html>
```

在【案例 6-4】中，对标题标记<h1>和段落二运用了 class="red"，并通过类选择器设置颜色为红色。对第一个段落 class="green font2" 通过类选择器设置颜色为绿色，字号为 24px。对第二个段落 class="red font2" 通过类选择器设置颜色为红色，字号为 24px。通过标签选择器设置了所有段落标签<p>的字体为 "叶根友特隶简体"，同时加下划线，效果如图 6-6 所示。

在图 6-6 显示结果中，我们可以看到，一级标题和第二个段落显示红色效果，说明同一个类选择器可以运用到多个 HTML 标签中。第一个和第二个段落显示的颜色和字体效果来自两个不同的类选择器，也就是说一个 HTML 标签中可以设置多个样式，多个类名之间要用空格隔开。

④通配符选择器。通配符选择器用 " ＊ " 来表示，它作用于页面中所有的 HTML

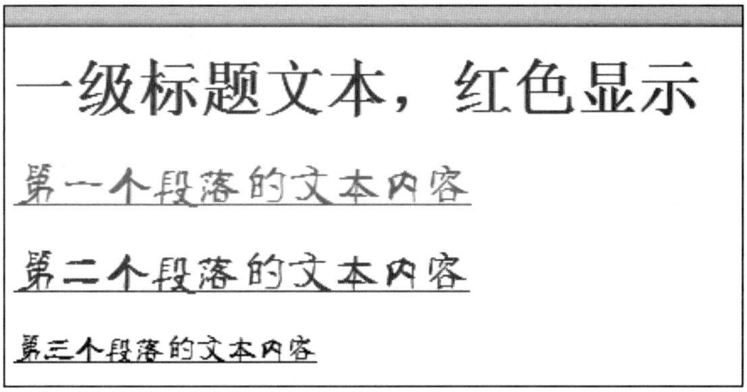

图 6-6   案例 4 效果显示

元素。基本语法格式为：

　　* ｛属性 1：属性值 1；属性 2：属性值 2；属性 3：属性值 3；｝

　　例如，下面的代码含义为：将默认设置页面所有文字的字体的大小为 40px，颜色为蓝色。

　　* ｛font-size：40px；color：blue；｝

　　实际开发网页的时候并不适用通配符选择器，因为它是对所有的 HTML 元素进行样式设置，而不管这些 HTML 元素是否需要，这样反而降低了代码的可执行速度。

6.1.3　案例实现

　　（1）结构分析

　　图 6-1 中，第一句为标题，我们使用<h1>来实现，诗句之间颜色不一样，我们使用 4 个选择器控制每句的颜色，诗句字体大小都一样，可使用共同的选择器来设置字体大小。这里为了更好地掌握几种选择器，代码中使用到了标签选择器、class 类选择器以及 id 选择器。如果不用 id 选择器，统一使用 class 类选择器也是可以的。

　　（2）页面代码

　　根据上面的分析，使用相应的 HTML 标记来实现结果，具体代码如【案例 6-5】所示。

　　【案例 6-5】

```
816    <html>
817    <head>
818    <style type＝"text/css">
819    h1｛color：#FF0000｝
820    .line1｛color：#2b75f5；｝
821    .line2｛color：#8b7215；｝
822    #line3｛color：#ff75f5；｝
823    #line4｛color：#f75153；｝
```

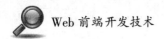

824　.font1 {

825　font-size：18px;

826　}

827　.font2 {

828　font-size：24px;

829　}

830　</style>

831　</head>

832　<body>

833　<h1>凉州词二首</h1>

834　<p class="font1" >唐代：王之涣</p>

835　<p class="line1 font2" >黄河远上白云间，一片孤城万仞山。</p>

836　<p class="line2 font2" >羌笛何须怨杨柳，春风不度玉门关。</p>

837　<p id="line3" class="font2" >单于北望拂云堆，杀马登坛祭几回。</p>

838　<p id="line4" class="font2" >汉家天子今神武，不肯和亲归去来。</p>

839　</body>

840　</html>

6.2　爆款特卖商品页面

6.2.1　案例描述

　　网上商城的爆款特卖是大多数网店会进行的一种促销方式，在淘宝、天猫、京东或者苏宁易购等知名电商购物网站上，我们经常可以看到店铺首页有爆款特卖商品，爆款特卖能够吸引更多消费者。本小节来学习并完成爆款特卖商品页面的制作，效果如图6-7所示。

图 6-7　爆款特卖商品页面

6.2.2　知识引入

（1）CSS 字体属性

CSS 字体属性定义文本的字体系列、大小、粗细、风格（如斜体）和变形（如小型大写字母）。CSS 字体属性如表 6-1 所示。

表 6-1　　　　　　　　　　　　　　**CSS 字体属性**

属性	描述
font-family	设置字体系列
font-size	设置字体的尺寸
font-style	设置字体风格
font-variant	以小型大写字体或者正常字体显示文本
font-weight	设置字体的粗细
font	简写属性，作用是把所有针对字体的属性设置在一个声明中

①font-family 属性。font-family 属性用于设置字体系列，网页中常用的字体有宋体、微软雅黑、黑体、楷体等，例如以下代码：

body｛font-family："微软雅黑"；｝

h1｛font-family："叶根友特隶简体"，"微软雅黑"，"幼圆"；｝

h1｛font-family：Times，'New Century Schoolbook'，"微软雅黑"；｝

使用 font-family 设置字体需要注意以下几点：

a. 各字体之间必须使用英文状态下的逗号隔开。

b. 中文字体加英文双引号，英文字体不需加，如果中文和英文都设置，英文必须放在中文字体之前，例如以下代码的写法就是错误的。

h1｛font-family："微软雅黑"，Times，'New Century Schoolbook'；｝／＊错误代码＊／

c. 如果字体名中有一个或多个空格（如 New Century Schoolbook），或者字体名包括 # 或 $ 等符号，需要在 font-family 声明中加引号。

②font-size 属性。font-size 属性用于设置文字大小，font-size 值可以是绝对或相对长度单位，CSS 中常使用的长度单位包括：

a. em：相对长度单位，相对于当前对象内文本的字体尺寸。一般浏览器字体大小默认为 16px，2em ＝ 32px。

b. px：相对长度单位，像素 px 是相对于显示器屏幕分辨率而言的。

c. pt：1pt ＝ 1/72 英寸，物理长度单位，指的是 1/72 英寸。

在进行网页制作时，推荐使用像素单位 px，例如：p｛font-size：14px；｝

③font-style 属性。font-style 属性设置字体风格，该属性有 3 个值：a. normal-文本正常显示；b. italic-文本斜体显示；c. oblique-文本倾斜显示。

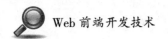

斜体（italic）是一种简单的字体风格，斜体的字体风格是对每个字母的结构有一些小改动来反映变化的外观。与斜体不同，倾斜（oblique）文本是正常竖直文本的一个倾斜版本。通常情况下，italic 和 oblique 文本在 Web 浏览器中看上去完全一样。例如以下代码的含义是设置字体为斜体：p. italic｛font-style：italic；｝

④font-variant 属性。font-variant 属性的主要功能是定义小型大写字母，仅对英文有效。小型大写字母不是一般的大写字母，也不是小写字母，这种字母呈现出的是不同大小的大写字母。可用属性值有两种：a. normal：默认值，标准字体；b. small-caps：显示小型大写字母。

例如：

841　<html>

842　<head>

843　<style type=″text/css″>

844　normal｛font-variant：normal｝

845　small｛font-variant：small-caps｝

846　</style>

847　</head>

848　<body>

849　<p class=″normal″>This is a paragraph</p>

850　<p class=″small″>This is a paragraph</p>

851　</body>

852　</html>

显示结果如图 6-8 所示：

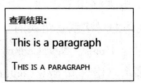

图 6-8　小型大写字母显示效果

⑤font-weight 属性。font-weight 属性可以设置字体的粗细，可用属性如表 6-2 所示，常用的属性值为 normal 和 bold，用于定义标准字体和加粗显示。

表 6-2　font-weight 属性值

值	描述
normal	默认值，定义标准的字符
bold	定义粗体字符

续表

值	描述
bolder	定义更粗的字符
lighter	定义更细的字符
100~900（100 的整数倍）	定义由粗到细的字符，400 等同于 normal，而 700 等同于 bold
inherit	规定应该从父元素继承字体的粗细

⑥font 属性。font 属性用于在一个声明中设置所有字体属性，格式如下：

选择器 ｛font：font-style font-variant font-weight font-size/line-height font-family；｝

以上 6 个属性必须按顺序书写，其中 font-size 和 font-family 属性值必须设置，否则 font 属性将不起作用。例如：

853　<html>

854　<head>

855　<style type="text/css">

856　.ex1｛font：italic " 隶书"；｝

857　.ex2｛font：italic bold 22px/30px " 隶书"；｝

858　</style>

859　</head>

860　<body>

861　<p class="ex1">这里的文字运用了 font 属性设置，设置了 font-style 和 font-family 属性值，但是没有设置 font-size，这里的 font 属性没有起作用</p>

862　<p class="ex2">使用了 font 设置字体的风格、粗细、大小、行高和字体</p>

863　</body>

864　</html>

上述代码的执行结果如图 6-9 所示。

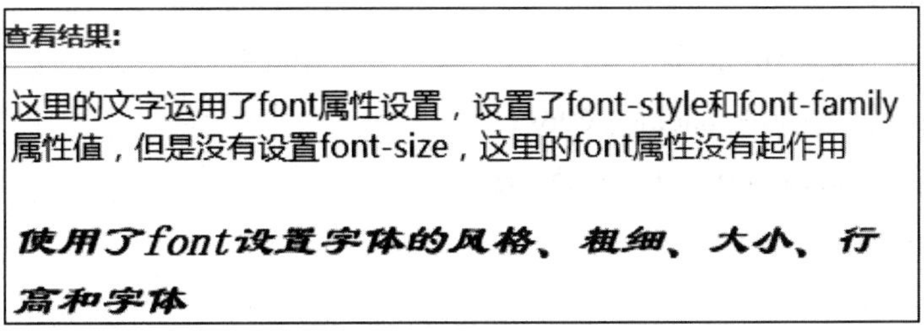

查看结果：

这里的文字运用了font属性设置，设置了font-style和font-family属性值，但是没有设置font-size，这里的font属性没有起作用

使用了font设置字体的风格、粗细、大小、行高和字体

图 6-9　font 属性案例显示效果

（2）CSS 文本外观属性

CSS 提供了控制文本外观样式的属性，具体属性和使用方法如下：

①color 属性：设置文本颜色。文本的颜色属性值可以是预定义颜色值（red、

green、blue），也可以是十六进制（＃FF8800），也可以是 RGB 代码，例如 rgb（255.255.0）。

例如：

```
<style type="text/css">
body {color：red}
h1 {color：#00ff00}
p. ex {color：rgb（0，0，255）}
</style>
```

②text－indent 属性：设置文本首行缩进。文本的首行缩进值可以是不同单位的数值、em 字符宽度的倍数或者相对父元素的宽度的百分数。例如：

```
<style type="text/css">
. one {text-indent：5em；}
. two {text-indent：20%；}
</style>
```

③text－align 属性：文本的水平对齐方式。text－align 属性值分别是 left、right 和 center，对应的对齐方式为左对齐、右对齐和居中。例如设置 h1、h2、h3 元素的文本对齐方式，代码如下：

```
<style type="text/css">
h1 {text-align：center}
h2 {text-align：left}
h3 {text-align：right}
</style>
```

④word－spacing 属性：改英文单词之间的标准间隔。该属性对中文无效，例如以下代码：

```
865    <html>
866    <head>
867    <style type="text/css">
868    p. spread {word-spacing：60px；}
869    p. tight {word-spacing：-0. 5em；}
870    </style>
871    </head>
872    <body>
873    <p class=" spread">This is some text. This is some text. </p>
874    <p class=" spread">我是中文哦</p>
875    <p class=" tight">This is some text. This is some text. </p>
876    </body>
```

877　　</html>

该代码执行结果如图 6-10 所示。

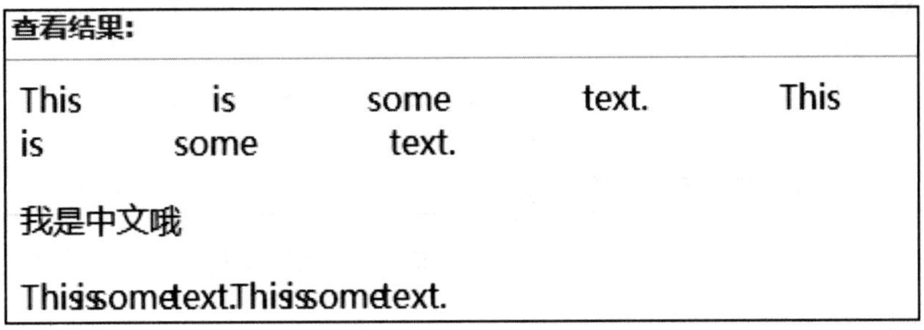

查看结果:

This　　　is　　　some　　　text.　　　This
is　　　some　　　text.

我是中文哦

Thisissometext.Thisissometext.

图 6-10　word-spacing 属性代码执行结果

⑤letter-spacing 属性:字母间隔。与 word-spacing 属性一样,属性值可取值包括所有长度。默认关键字是 normal（这与 letter-spacing:0 相同）。输入的长度值会使字母之间的间隔增加或减少指定的量。

letter-spacing 属性使用示例如下:

878　　<html>

879　　<head>

880　　<style type="text/css">

881　　h1 {letter-spacing: -0.5em}

882　　h4 {letter-spacing: 20px}

883　　</style>

884　　</head>

885　　<body>

886　　<h1>This is header 1</h1>

887　　<h4>This is header 4</h4>

888　　<h4>这里是中文哦</h4>

889　　</body>

890　　</body>

891　　</html>

以上代码执行结果如图 6-11 所示。

⑥text-transform 属性:处理文本的大小写。text-transform 属性有 4 个值,分别是: a. none:不转换。b. uppercase:全部字符转换大写。c. lowercase:全部字符转换小写。 d. capitalize:首字母大写。

例如以下代码:

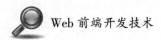

查看结果：

T h i s   i s   h e a d e r   4
这 里 是 中 文 哦

图 6-11   letter-spacing 属性代码执行结果

892   <html>

893   <head>

894   <style type＝"text/css"＞

895   h1 {text-transform：uppercase}

896   p. uppercase {text-transform：uppercase}

897   p. lowercase {text-transform：lowercase}

898   p. capitalize {text-transform：capitalize}

899   </style>

900   </head>

901   <body>

902   <h1>This Is An H1 Element</h1>

903   <p class＝"uppercase"＞This is some text in a paragraph. </p>

904   <p class＝"lowercase"＞This is some text in a paragraph. </p>

905   <p class＝"capitalize"＞This is some text in a paragraph. </p>

906   </body>

907   </html>

代码执行结果如图 6-12 所示。

查看结果：

THIS IS AN H1 ELEMENT

THIS IS SOME TEXT IN A PARAGRAPH.

this is some text in a paragraph.

This Is Some Text In A Paragraph.

图 6-12   text-transform 属性代码执行结果

⑦text-decoration 属性：文本装饰。text-decoration 可用属性值包括：a. none：没有装饰，默认值。b. underline：下划线。c. overline：上划线。d. line-through：删除线。

text-decoration 属性可以赋予多个值，能给文本添加多种显示效果，例如以下代码：

h4｛text-decoration：line-through underline｝

⑧white-space 属性：空白字符处理。white-space 属性会影响源文档中的空格、换行和 tab 字符的处理。在 HTML 网页制作时源代码中输入的空格在浏览器显示时，会把所有空白符合并为一个空格，在 CSS 中可以用 white-space 属性来处理这些空白的显示方式。white-space 的可用属性值包括：a. Pre：white-space 属性的值为 pre，浏览器将保留源代码中的空白符，原样显示。b. nowrap：空白符无效，强制不能换行，除非使用
标记，内容超出浏览器也不能自动换行，会增加水平滚动条。c. normal：默认值，文本中的空格、空行无效，超出浏览器边界自动换行。

⑨lineHeight 属性：设置行之间的距离（行高）。lineHeight 可用属性值包括：a. normal：默认，设置合理的行间距。b. number：设置数字，此数字会与当前的字体尺寸相乘来设置行间距。c. length：设置固定的行间距。d. %：基于当前字体尺寸的百分比行间距。

以下代码是 lineheight 属性的使用：

```
908   <html>
909   <head>
910   <script type＝"text/javascript" >
911   function changeLineHeight()
912    ｛document. getElementById（"div1" ）. style. lineHeight＝"2" ;｝
913   </script>
914   </head>
915   <body>
916   <div id＝"div1" >
917   This is some text. This is some text. This is some text.
918   This is some text. This is some text. This is some text.
919   This is some text. This is some text. This is some text.
920   This is some text. This is some text. This is some text.
921   </div>
922   <br />
923   <input type＝" button" onclick＝" changeLineHeight( ) " value＝" Change line-
height" />
924   </body>
925   </html>
```

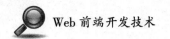

6.2.3 案例实现

（1）结构分析

本小节案例结构如图 6-13 所示，最外用一个整体的<div>大盒子，大盒子中间嵌套 6 个小盒子。

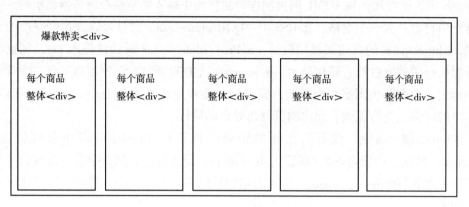

图 6-13 案例结构分析图

（2）样式分析

根据上面的结构分析图，对样式的设计思路如下：

①控制整体盒子的宽、高、外边距（内容自适应居中）、背景颜色、边框样式颜色。

②设置"爆款热卖"的宽、高、内边距、字体颜色、字体大小、粗细、字体样式等。

③设置商品盒子<div>的宽、高、左浮动、字体居中、左外边距、背景颜色。

④设置商品图片属性，包括图片大小、内边距。

⑤设置手机名称、型号段落字体大小、高度、颜色。

⑥设置价格数字左浮动、内边距、字体颜色、大小、粗细。

⑦设置秒杀字体部分的宽、高、对齐方式，文字行高、左浮动、左外边距、背景、字体颜色。

（3）页面结构

根据上述分析搭建的页面结构代码如下：

```
926   <body>
927   <div id="mr-content" >
928   <div class="mr-top" >爆款特卖</div>
929   <div class="mr-block1" > <img src=" images/1. jpg" alt="" class="mr-img" >
930           <p class="mr-title" >华为 Mate8</p> <! --添加文字-->
```

931　　　　　`<p class="mr-mon">￥2998.00</p>`

932　　　　　`<p class="mr-minute">秒杀</p>`

933　　　`</div>`

934　　`<div class="mr-block1">`

935　　　　　`<img src="images/2.jpg" alt="" class="mr-img">`

936　　　　　`<p class="mr-title">华为 Mate8</p>`

937　　　　　`<p class="mr-mon">￥2998.00</p>`

938　　　　　`<p class="mr-minute">秒杀</p>`

939　　　`</div>`

940　　`<div class="mr-block1">`

941　　　　　`<img src="images/3.jpg" alt="" class="mr-img">`

942　　　　　`<p class="mr-title">华为 Mate9</p>`

943　　　　　`<p class="mr-mon">￥4798.00</p>`

944　　　　　`<p class="mr-minute">秒杀</p>`

945　　　`</div>`

946　　`<div class="mr-block1">`

947　　　　　`<img src="images/4.jpg" alt="" class="mr-img">`

948　　　　　`<p class="mr-title">华为 Mate9</p>`

949　　　　　`<p class="mr-mon">￥4798.00</p>`

950　　　　　`<p class="mr-minute">秒杀</p>`

951　　　`</div>`

952　　`<div class="mr-block1">`

953　　　　　`<img src="images/4.jpg" alt="" class="mr-img">`

954　　　　　`<p class="mr-title">华为 Mate9</p>`

955　　　　　`<p class="mr-mon">￥4798.00</p>`

956　　　　　`<p class="mr-minute">秒杀</p>`

957　　　`</div>`

958　`</div>`

（4）CSS 样式

搭建完 HTML 页面，接下来用 CSS 对页面进行修饰，CSS 代码如下：

959　`<style type="text/css">`

960　　`* {`

961　　　`margin: 0;`

962　　　`padding: 0;`

963　　　`list-style: none;`

964　　　`font-size: 14px;`

123

```
965         }
966    #mr-content {        /*在页面中只有一个 mr-content，所以使用 ID 选择器 */
967       width：1160px；        /*设置整体页面宽度 */
968       height：360px；         /*设置整体页面高度 */
969       margin：0 auto；        /*设置内容在浏览器中自适应 */
970       border：1px solid red；     /*设置整体内容边框 */
971       background-color：#990000；
972    }
973    .mr-top {              /*设置标题"热卖爆款"的属性 */
974       width：1180px；          /*设置宽度 */
975       height：60px；              /*设置高度 */
976       padding：10px 0 0 20px；       /*设置内边距 */
977       color：#FFFFFF；             /*设置字体颜色 */
978       font-size：36px；             /*设置字体大小 */
979       font-weight：bolder；          /*设置内字体粗细 */
980       font-family："方正大黑简体"；
981       }
982    .mr-block1 {
983       width：220px；                /*设置宽度 */
984       height：280px；              /*设置高度 */
985       float：left；                 /*设置浮动 */
986       text-align：center；
987       margin-left：10px；           /*设置向左的外边距 */
988       background：#FFF；           /*设置背景 */
989       }
990    .mr-img {
991       height：188px；              /*图片高度 */
992       padding-top：15px；          /*图片的内边距 */
993    }
994    .mr-title {                    /*图片中手机型号和名称的样式 */
995       height：14px；              /*设置高度 */
996       padding：10px 0 15px 0px；    /*设置内边距 */
997       color：#666；               /*设置文字颜色 */
998       }
999    .mr-mon {
1000      float：left；                /*设置浮动 */
```

```
1001        padding：5px 0 0 30px；              /＊设置内边距＊/
1002        color：#f52e1f；                     /＊设置字体颜色＊/
1003        font-size：18px；                    /＊设置字体大小＊/
1004        font-weight：bolder；
1005    }
1006    . mr-minute  {
1007        width：48px；                        /＊设置宽度＊/
1008        height：30px；                       /＊设置高度＊/
1009        text-align：center；
1010        line-height：30px；                  /＊设置文字行高＊/
1011        float：left；                        /＊设置浮动＊/
1012        margin-left：10px；
1013        background：#f52e1f；
1014        color：#FFF；
1015    }
1016    </style>
```

至此，代码完成，编写完代码并保存后就可以看看页面运行效果了。

6.3　商品抢购页面

6.3.1　案例描述

抢购已经成为许多商家进行促销的一种日常模式，在淘宝、天猫、京东或苏宁易购等电商网站经常可以看到抢购页面，商品抢购页面不仅能给网站带来可观的流量，同时也能带来可观的商品销量。本节来制作一个商品抢购页面，效果如图 6-14 所示。

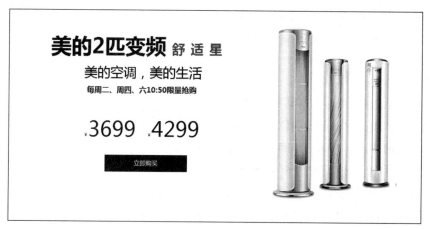

图 6-14　商品抢购页面

125

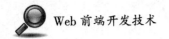

6.3.2　知识引入

（1）CSS 复合选择器

在前面的小节中我们已经学习了 CSS 基础选择器，比较简单，而在实际的网站开发中，一个网页中包含着太多元素，仅仅运用基础选择器，不可能得到良好的组织页面样式，为了更好地组织网页元素，接下来我们要学习功能更为强大的 CSS 复合选择器。CSS 复合选择器是由两个或多个基础选择器通过不同的方式组合而成的，目的是为了选择更准确、更精细的目标元素标签。

①交集选择器。交集选择器由两个选择器构成，其中第一个为标签选择器，第二个为 class 类选择器或 id 选择器，两个选择器之间不能有空格，如 h3. special。格式说明如图 6-15 所示。

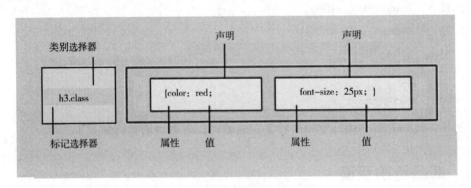

图 6-15　交集选择器格式说明

通过以下代码来看交集选择器的使用方法：

```
1017    <style type="text/css">
1018    p{ width: 300px;
1019        height: 30px;
1020        background-color: red;}
1021    p. one{ background-color: blue;}
1022    . one{ background-color: green;}
1023    </style>
1024    <p class="one">第一个段落文本</p>
1025    <p class="two">第二个段落文本</p>
1026    <h1 class="one">第二个段落文本</h1>
```

以上代码的显示结果如图 6-16 所示。

从图 6-16 中可以看出，第 1 行和第 2 行结果使用的是<p>标记，它们的宽和高都按照标签选择器显示"width: 300px; height: 30px;"，第 1 行使用了 class=one，因此，交集选择器的样式效果背景为蓝色作用于第 1 行，第 2 行使用 class=two，因为样式中

图 6-16　交集选择器代码效果图

没有类名为 two 的选择器，所以第 2 行显示的背景为红色。第 3 行运用的并不是<p>标签，所以作用于<h1>的样式为背景色绿色，但没有宽和高的作用效果。

②并集选择器。并集选择器（CSS 选择器分组）是各个选择器通过逗号连接而成的，任何形式的选择器（包括标签选择器、class 类选择器和 id 选择器等）都可以作为并集选择器的一部分。如果某些选择器定义的样式完全相同或部分相同，就可以利用并集选择器为它们定义相同的 CSS 样式，所有选择器都会执行后面的样式。并集选择器的格式说明如图 6-17 所示。

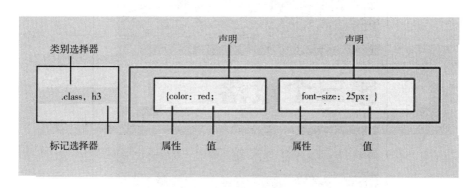

图 6-17　并集选择器格式说明图

通过以下代码来看并集选择器的使用方法：

```
1027    <style type="text/css">
1028       p, h1, h2, h3 {
1029          color: blue;
1030          font-size: 36px;}
1031       h3, .one, #two {
1032          text-decoration: underline;
1033          background-color: red;
1034          width: 300px;
```

127

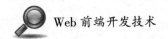

1035   height：80px；

1036   }

1037   </style>

1038   <p class="one">第一个段落

1039   <div id="two">第二个段落</div>

1040   <h2>第三个段落</h2>

1041   <h3>第四个段落</h3>

从以上代码中可以看出，在样式设计时，对标记 p、h1、h2、h3 使用了并集选择器，控制颜色和字大小，然后用把标签、类、id 选择器用逗号隔开而成的并集选择器控制 h3、.one、#two，分别定义了下划线、背景色、显示的宽和高。使用以上代码的显示结果如图 6-18 所示。

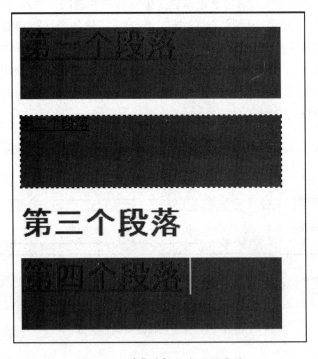

图 6-18　并集选择器代码效果图

从图 6-18 中可以看出，使用并集选择器定义的样式和单独使用基础选择器定义的样式效果一样，而且书写简单、易于阅读和修改。

③后代选择器。后代选择器又称包含选择器，用来选择元素或元素组的后代，其写法就是把外层标签写在前面，内层标签写在后面，中间用空格分隔。当标签发生嵌套时，内层标签就成为外层标签的后代。后代选择器的格式如图 6-19 所示。

通过以下代码来看后代选择器的使用方法：

1042   <style type="text/css">

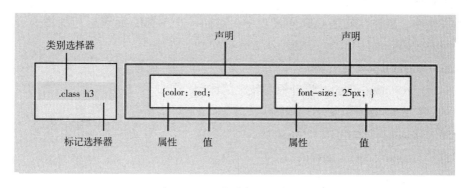

图 6-19　后代选择器格式说明

1043　　　p {

1044　　　　　color：blue；

1045　　　　　font-size：20px；}

1046　　　．one strong {

1047　　　　　color：red；}

1048　　</style>

1049　　<p class="one">第一个段落</p>

1050　　<p class="one">class=one，<strong>在 p 标记中的 strong 段落</strong></p>

1051　　<p><strong>在 p 标记中的 strong 段落</strong></p>

1052　　<strong>strong 段落</strong>

从以上代码中可以看出，在样式设计时，首先对标记<p>设置样式，控制颜色为 blue、字大小为 20px，然后使用后代选择器控制嵌套，将．one 类中的<strong>标记颜色为红色。使用以上代码的显示结果如图 6-20 所示。

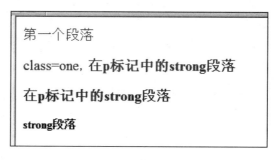

图 6-20　后代选择器代码效果图

从显示结果来看，只有在定义了 class=one 的<p>标记内的<strong>标记中的文字才显示为红色。

（2）CSS 层叠性与继承性

层叠性和继承性是 CSS 样式表的基本特征，网页设计者要对其很好地掌握，下面

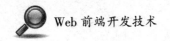

具体介绍 CSS 的层叠性和继承性。

①层叠性。层叠性就是 CSS 样式表中，对同一个 HTML 元素运用的样式会叠加，例如下面的代码：

```
1053    <style type="text/css">
1054        p { font-family:" 叶根友特隶简体";
1055        font-size: 20px;}
1056    . special {font-size: 30px;}
1057        #one {color: green;}
1058    </style>
1059    <p class=" special" id=" one" >段落 1，文字显示了绿色</p>
1060    <p>段落 2 段落</p>
1061    <p>段落 3 段落</p>
```

代码中，通过标记选择器定义了 p 标记的字体和字号，通过类选择器定义了字号，通过 id 选择器定义了字体颜色。代码执行的结果如图 6-21 所示。

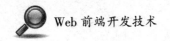

图 6-21　层叠性代码效果图

从执行结果看，第一行显示了标记选择器定义的字体"叶根友特隶简体"、类选择器定义的字号 30px、id 选择器定义的绿色，结果就是这 3 个选择器定义样式的叠加。

那么为什么字体大小没有显示为标记选择器中定义的 20px 呢？这是因为类选择器的优先级高于标记选择器，所以显示的结果为类选择器中定义的样式。关于优先级，下面的内容将会为大家详细讲解。

②继承性。继承性是指在 CSS 样式中，字标记会继承来自父标记的某些样式，例如，在 CSS 样式中定义了<body>标记的文本字体大小为 20px，那么页面中的所有文本都会显示为 20px，这是因为文本中的所有其他标记都嵌套在<body>标记中，都是它的子标记。例如下面的代码：

```
1062    <style type="text/css">
1063    p {color: red;}
1064    </style>
1065    <p><strong>我继承了 p 标记的样式，我显示了红色</strong></p>
```

这段代码中，在<p>中设置 color 后，它的后代元素<strong>标记中的文字都被设置为了红色，这就是继承性。

（3）CSS 优先级

在定义 CSS 样式表时，经常出现两个或者多个规则应用到一个元素上，这时，显示结果到底按照哪个样式规则进行显示，这就需要我们理解样式优先级规则，我们来看下面的代码：

```
1066    <style type="text/css">
1067    p {color：red；}
1068    .blue {color：blue；}
1069    #header {color：green；}
1070    </style>
1071    <p id="header" class="blue">
1072        看看我是什么颜色？
1073    </p>
```

在上面的代码中，同一个文本使用了 3 个不同的选择器，这时候文字该显示什么颜色呢？浏览器会根据 CSS 的优先级规则解析 CSS 样式，其实 CSS 为每种基础选择器都分配了一个权重，其中，标记选择器的权重为 1，类选择器的权重为 10，id 选择器的权重为 100。这样 id 选择器#header 就具有最大的优先级，因此上面的文字颜色显示为绿色。

对于多个基础选择器构成的复合选择器（并集选择器除外），其权重为这些基础选择器权重的叠加。例如下面的 CSS 代码：

```
1074    <style type="text/css">
1075    p strong {color：black}        /*权重为：1+1*/
1076    strong.blue {color：green}     /*权重为：1+10*/
1077    .father strong {color：yellow}   /*权重为：10+1*/
1078    p.father strong {color：orange}  /*权重为：1+10+1*/
1079    p.father .blue {color：glod}    /*权重为：1+10+10*/
1080    #header strong {color：pink}     /*权重为：100+1*/
1081    #header strong.blue {color：red}  /*权重为：100+1+10*/
1082    </style>
1083    <p class="father" id="header">
1084    <strong class="blue">文本的颜色</strong>
```

上面的代码显示文字的颜色为红色，因为文本按照最高权重样式颜色显示。在考虑权重时，学习 CSS 样式还需要注意以下几点：

①最近的祖先样式比其他祖先样式优先级高。

```
1085    <div style="color：red">
1086        <div style="color：blue">
```

```
1087        <p>你好，这里的颜色是蓝色的哦</p>
```

```
1088      </div>
```

```
1089    </div>
```

②"直接样式"比"祖先样式"优先级高。

```
1090    <style type="text/css">
```

```
1091      .father {color: green;}
```

```
1092    </style>
```

```
1093    <div style="color: red">
```

```
1094      <p class="father" style="color: blue">这里的颜色为蓝色的哦</p>
```

```
1095    </div>
```

③权重相同时，遵从就近原则。也就是靠近 HTML 元素的样式具有最大优先级，例如下面的代码：

```
1096    <style type="text/css">
```

```
1097    .father {color: green}      /*权重为：1+10*/
```

```
1098    .father {color: yellow}      /*权重为：10+1*/
```

```
1099    </style>
```

```
1100    <strong class="father">文本的颜色</strong>
```

④属性后插有！important 的属性拥有最高优先级。若同时插有！important，则再利用前三点判断优先级。

```
1101    <style type="text/css">
```

```
1102    p { background: red ! important;}
```

```
1103    .father .son { background: blue;}
```

```
1104    </style>
```

```
1105    <div class="father">
```

```
1106    <p class="son">背景色是红色的哦</p>
```

```
1107    </div>
```

虽然 .father.son 拥有更高的权值，但选择器<p>中的 background 属性被插入了！important，所以 <p> 的 background 为 red。需要注意的是！important 命令必须位于属性值和分号之间，否则无效。

复合选择器的权重为组成它的基础选择器权重的叠加，但是这种叠加并不是简单的数字之和。例如以下代码：

```
1108    <style type="text/css">
```

```
1109    .bgcolor { background: blue;} /*权重为 10*/
```

```
1110    div div div div div div div div div div div {background: red; } /*权重为 11 个
1 叠加*/
```

```
1111    </style>
```

1112　　<div><div><div><div><div><div><div><div><div><div>

1113　　<div class = " bgcolor" >

1114　　　背景是什么颜色呢?

1115　　</div>

1116　　</div></div></div></div></div></div></div></div></div>

在上面的代码中, 类选择器 . bgcolor 的颜色为蓝色, 权重为 10。使用了 11 个<div>标记定义的后代选择器, 其权重相加为 11, 大于类选择器 . bgcolor, 这里的运行结果并没有显示为红色, 而是蓝色, 也就是类选择器优先于后代选择器 3div div div div div div div div div div div。无论在外层加多少个 div 标记, 也就是无论复合选择器的权重为多少个标记选择器叠加, 其权重都不会高于类选择器。同理, 复合选择器的权重无论为多少个类选择器和标记选择器的叠加, 其权重都不会高于 id 选择器。

6.3.3　案例实现

(1) 结构分析

【案例 6-3】中的效果可以通过图片和文字的排列来实现, 对应的结构分析图如图 6-22 所示。

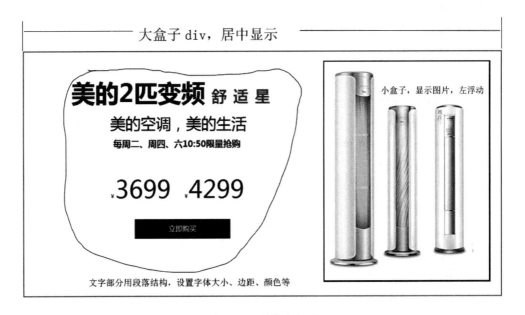

图 6-22　结构分析图

(2) 样式分析

实现图 6-22 所示的样式, 思路如下:

①定义大盒子 div 的宽、高、边框、外边距, 外边距左右设置为 auto, 则盒子居中。

②定义图片区域的宽、图片外边距、图片右浮动。

③定义每行字体的效果，包括字体大小、样式、边距、字体居中等。

（3）制作页面结构

根据上面的分析，使用 HTML 代码来搭建网页结构，具体代码如下所示：

```
1117   <body>
1118   <div class = " mr-box" >
1119     <div class = " mr-img" ><img src = " images/1. jpg" ></div>
1120     <p class = " mr-font1" >美的 2 匹变频<span>舒</span><span>适</span><span>星</span></p>
1121     <p class = " mr-font2" >美的空调，美的生活</p>
1122     <p class = " mr-font3" >每周二、周四、六 10：50 限量抢购</p>
1123     <p class = " mr - font4" > < span > < font > ￥ </font > 3699 </span > < span ><font> ￥ </font>4299</span></p>
1124     <p class = " mr-buy" >立即购买</p>
1125   </div>
1126   </body>
```

（4）定义 CSS 样式

接下来用 CSS 样式对页面进行修饰，具体步骤如下：

①定义大盒子样式。

```
. mr-box {
    width：1108px；
    margin：0 auto；
    border：2px solid red；
    height：551px；
}
```

②定义图片样式。

```
. mr-img {
    width：400px；
    float：right；
    margin：32px；
}
```

③定义段落文字样式。

```
p {float：left；} /＊左浮动＊/
. mr-font1 {   /＊font1 样式＊/
    width：598px；
    font-size：55px；
```

```
        font-family："微软雅黑"；

        font-weight：bolder；

        margin-left：42px；

        /* margin-top：150px; */

        text-align：center；

        }

.mr-font1 span {  /*第一行字体中 span 中的字体样式*/

        margin-left：15px；

        font-size：35px；

        color：#666666；

        }

.mr-font2 {/*第二行字体样式*/

        margin-left：201px；

        font-size：35px；

        margin-top：-24px；

        font-family："微软雅黑"；

}

.mr-font3 {

        margin-left：208px；

        font-size：20px；

        margin-top：-20px；

        color：#A00501；

        font-family："微软雅黑"；

        font-weight：600；

}

.mr-font4 {

        margin-left：170px；

        font-size：54px；

        margin-top：40px；

        color：#A00501；

        font-family："微软雅黑"；

        font-weight：lighter；

}

.mr-font4 span font {/*第四行字体 span 中 font 中￥的样式*/

        font-size：12px；

}
```

```
. mr-font4 span｛/＊第四行字体两个价格的左外边距＊/
    margin-left：30px；
｝
. mr-buy｛/＊点击购买的字体样式＊/
    margin-top：134px；
    margin-left：-253px；
    height：44px；
    width：221px；
    background：#A00501；
    text-align：center；
    line-height：44px；
    font-family："微软雅黑"；
    color：#fff；
｝
```

至此，完成了本小节案例的所有代码编写，保存代码后刷新页面，将看到图 6-22 的效果。

项目7 CSS盒子模型

学习目标

- 掌握盒子模型相关属性，能够熟练使用它们控制网页元素。
- 理解块元素与行内元素的区别，能够对它们进行转换。

盒子模型是 CSS 网页布局的基础，只有掌握了盒子模型的各种规律和特征，才可以更好地控制网页中各个元素所呈现的效果。本项目将对盒子模型的概念、盒子模型的相关属性及元素的类型和转换进行详细讲解。

7.1 购物商城产品规格效果

7.1.1 案例描述

买家在网上商城购物的时候，往往会注重商品的第一眼视觉冲击，第一眼感觉的优劣直接决定了消费者对商品是否感兴趣、是否会购买，因此网上购物商城的产品规格效果显示就显得非常重要。

7.1.2 知识引入

（1）认识盒子模型

HTML 文档中的每个元素都被描绘成矩形盒子，这些矩形盒子通过一个模型来描述其占用空间，这个模型称为盒子模型。盒子模型通过 5 个属性来描述：margin（外边距）、border（边框）、padding（内边距）、width（内容区域的宽）、height（内容区域的高）。

为了更形象地认识 CSS 盒子，我们通过生活中常见的照片墙构成来直观地学习 CSS 盒子。一个完整的照片盒子包括照片的宽和高、照片离相框的距离、相框的厚度、相框与相框之间的距离，如图 7-1 所示。

content（内容区域）就是盒子里装的相片，相片有宽和高。padding（内边距）就是相片与相框之间的留白距离，border（边框）是相框边框的厚度，margin（外边距）则说明相框与相框摆放的时候不能全部堆在一起，之间要留有一定空隙。

在网页设计中，内容区域常指文字、图片等元素，但也可以是小盒子（div 嵌套），内边距 padding 和外边距 margin 只有宽度属性，而边框 border 有大小、颜色和样式之分。

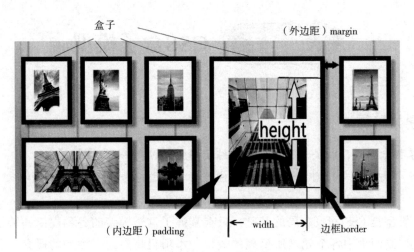

图 7-1　相框盒子的构成

我们通过以下代码来认识盒子模型的基本应用：

```
1127    <html>
1128    <head>
1129    <meta http-equiv="Content-Type" content="text/html; charset=gb2312" />
1130    <title>认识盒子模型</title>
1131    <style type="text/css">
1132    .box {width：150px;       /*内容区域的宽*/
1133         height：80px;        /*内容区域的高*/
1134         border：20px solid #3300FF;     /*边框为20px，蓝色*/
1135         background：#cccccc;      /*内容区域的背景颜色*/
1136         padding：30px;       /*内边距*/
1137         margin：40px;        /*外边距*/
1138         }
1139    </style>
1140    </head>
1141    <body>
1142    <p class="box">盒子模型中的内 容</p>
1143    </body>
1144    </html>
```

代码执行的结果如图 7-2 所示。

对于盒子模型，W3C 标准（图 7-3）和低版本 IE 浏览器（图 7-4）是不一样的，主要区别是内容部分的 width 和 height 的定义不同，低版本 IE 浏览器的标准主要是指 IE5 和 IE6 的模式，现在这两个版本浏览器的市场占有率已经很低了。从图 7-3 和图

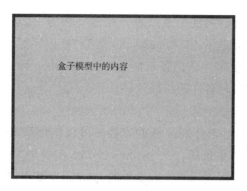

图 7-2　认识盒子模型代码效果图

7-4 可以看出，标准盒子模型和 IE 盒子模型的主要区别在于 width 和 height 的属性上，标准盒子模型的 width 和 height 是内容部分的 width 和 height，而 IE 盒子模型的 width 和 height 把内边距（padding）和边框宽度（border）也算进去了。上面介绍的盒子模型和本教程案例所应用的盒子模型都是指 W3C 标准的盒子模型。

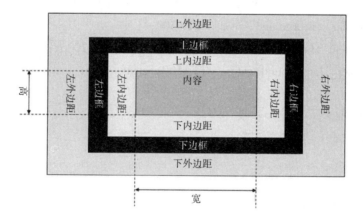

图 7-3　W3C 标准盒子模型

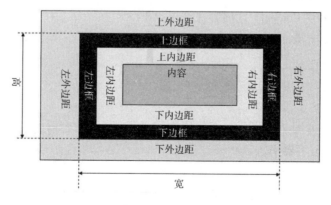

图 7-4　IE 盒子模型

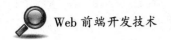

一个盒子实际所占有的宽度（或高度）是由"内容+内边距+边框+外边距"组成的。在 CSS 中可以通过设置 width 和 height 的值来控制内容所占矩形的大小。对于任何一个盒子，都可以分别设定 4 条边各自的 border、padding 和 margin。因此只要利用好这些属性，就能够实现各种各样的排版效果。

（2）<div>标记

div 是 HTML 标记中用于分割区域的容器，可以将网页分割成独立的、不同的部分，用于实现网页的规划和布局。一个<div></div>相当于一个容器，可以容纳段落、标题、表格、图像等各种网页元素，大多数的 html 元素都可以写入 div 容器中，div 容器也可以写入 div 容器中。

下面来看一个使用 div 进行网页分割的案例。

```
1145    <html>
1146    <head>
1147    <title>div 容器模型</title>
1148    <style type="text/css">
1149    #container {width：500px；} /*定义盒子的宽度*/
1150    #header {background-color：#FFA500；；}
1151    #content {background-color：#EEEEEE；height：200px；width：500px；}
1152    #footer {background-color：#FFA500；clear：both；text-align：center；}
1153
1154    </style>
1155    </head>
1156    <body>
1157
1158    <div id="container">
1159    <div id="header">
1160        <h1 style="margin-bottom：0;">主要的网页标题</h1></div>
1161    <div id="Content"> 内容在这里</div>
1162    <div id="footer"> 版权  runoob.com</div>
1163    </div>
1164    </body>
1165    </html>
```

代码运行结果如图 7-5 所示，在代码中定义了 4 个 div 容器，第 2、3、4 个 div 容器嵌套在第 1 个 div 容器中。

（3）边框属性

用 CSS 对页面进行分割常常要进行设置边框效果，CSS 中边框属性包括了边框的样式属性、边框的宽度属性、边框的颜色属性、单侧边框属性、综合边框属性。边框

图 7-5　div 容器代码运行效果图

属性内容和设置如表 7-1 所示。

表 7-1　　　　　　　　　　　　　　　　CSS 边框属性

设置内容	样式属性	描述
边框综合设置	border：四边宽度、四边样式、四边颜色	4 个边的属性设置在一个声明中
样式综合设置	border-style：上边、右边、下边、左边	用于设置元素所有边框的样式或单独地为各边设置边框样式
宽度综合设置	border-width：上边、右边、下边、左边	用于为元素的所有边框设置宽度或单独地为各边边框设置宽度
颜色综合设置	border-color：上边、右边、下边、左边	设置元素的所有边框中可见部分的颜色或为 4 个边分别设置颜色
下边框	border-bottom：宽度、样式、颜色	用于把下边框的所有属性设置到一个声明中
	border-bottom-color：颜色	设置元素的下边框的颜色
	border-bottom-style：样式	设置元素的下边框的样式
	border-bottom-width：宽度	设置元素的下边框的宽度
左边框	border-left：宽度、样式、颜色	用于把左边框的所有属性设置到一个声明中
	border-left-color：颜色	设置元素的左边框的颜色
	border-left-style：样式	设置元素的左边框的样式
	border-left-width：宽度	设置元素的左边框的宽度
右边框	border-right：宽度、样式、颜色	用于把右边框的所有属性设置到一个声明中
	border-right-color：颜色	设置元素的右边框的颜色
	border-right-style：样式	设置元素的右边框的样式
	border-right-width：宽度	设置元素的右边框的宽度
上边框	border-top：宽度、样式、颜色	用于把上边框的所有属性设置到一个声明中
	border-top-color：颜色	设置元素的上边框的颜色
	border-top-style：样式	设置元素的上边框的样式
	border-top-width：宽度	设置元素的上边框的宽度

①设置边框样式（border-style）。border-style 属性用来定义边框的样式，其值可以设置如下：a. none：默认无边框。b. dotted：定义一个点线边框。c. dashed：定义一个虚线边框。d. solid：定义实线边框。e. double：定义两个边框，两个边框的宽度和 border-width 的值相同。f. groove：定义 3D 沟槽边框，效果取决于边框的颜色值。g. ridge：定义 3D 脊边框，效果取决于边框的颜色值。h. inset：定义一个 3D 的嵌入边框，效果取决于边框的颜色值。i. outset：定义一个 3D 突出边框，效果取决于边框的颜色值。

代码如下：

```
1166  <html>
1167  <head>
1168  <title>设置边框样式（border-style）</title>
1169  <style>
1170  p. none {border-style: none;}
1171  p. dotted {border-style: dotted;}
1172  p. dashed {border-style: dashed;}
1173  p. solid {border-style: solid;}
1174  p. double {border-style: double;}
1175  p. groove {border-style: groove;}
1176  p. ridge {border-style: ridge;}
1177  p. inset {border-style: inset;}
1178  p. outset {border-style: outset;}
1179  p. hidden {border-style: hidden;}
1180  </style>
1181  </head>
1182  <body>
1183  <p class="none" >无边框。</p>
1184  <p class="dotted" >虚线边框。</p>
1185  <p class="dashed" >虚线边框。</p>
1186  <p class="solid" >实线边框。</p>
1187  <p class="double" >双边框。</p>
1188  <p class="groove" > 凹槽边框。</p>
1189  <p class="ridge" >垄状边框。</p>
1190  <p class="inset" >嵌入边框。</p>
1191  <p class="outset" >外凸边框。</p>
1192  <p class="hidden" >隐藏边框。</p>
1193  </body>
1194  </html>
```

代码运行结果如图 7-6 所示。使用 border-style 同时设置一个元素的 4 个边框。

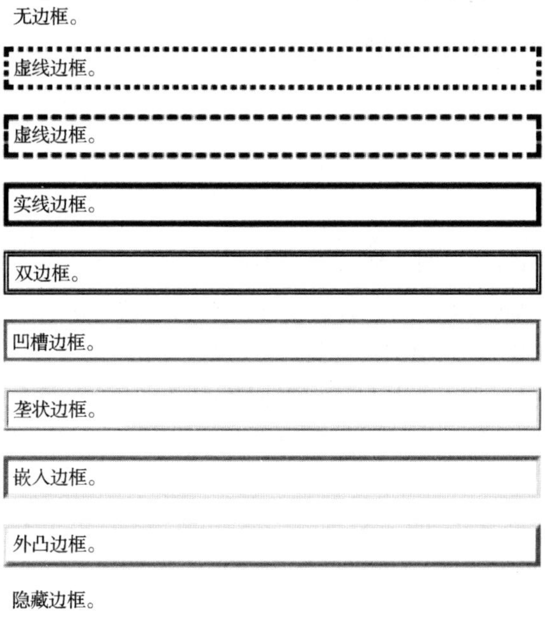

无边框。

虚线边框。

虚线边框。

实线边框。

双边框。

凹槽边框。

垄状边框。

嵌入边框。

外凸边框。

隐藏边框。

图 7-6　边框样式代码运行结果

上面的代码通过 border-style 每个边框的四边进行了综合设置，也可以对边框进行单独设置，指定不同侧边的边框样式，具体步骤如下：

a. border-top-style：设置上边框样式。b. border-bottom-style：设置下边框样式。c. border-left-style：设置左边框样式。d. border-right-style：设置右边框样式。e. border-style：上边框样式、右边框样式、下边框样式、左边框样式。f. border-style：上边框样式、左右边框样式、下边框样式。g. border-style：上下边框样式、左右边框样式。h. border-style：上下左右边框样式。

代码如下：

```
1195   <html>
1196   <head>
1197   <title>对边框进行分开设置设框</title>
1198   <style>
1199   p. one {border-style：dotted solid dashed double；}
1200   p. two {border-style：dotted solid dashed；}
1201   p. three {border-style：dotted solid；}
1202   p. four {border-style：dotted；}
1203   p. five
1204   {
1205      border-top-style：dotted；
```

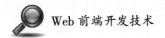

1206   border-right-style：solid；

1207   border-bottom-style：double；

1208   border-left-style：dashed；

1209   }

1210   </style>

1211   </head>

1212   <body>

1213   <p class="one">四边样式设置不同/p>

1214   <p class="two">上、左右、下样式不同设置</p>

1215   <p class="three">上下、左右样式设置</p>

1216   <p class="four">上下左右设置相同</p>

1217   <p class="five">单独为每个侧边设置不同样式</p>

1218   </body>

1219   </html>

代码运行结果如图 7-7 所示。

图 7-7　边框样式设置效果图

②设置边框的宽度。border-width 用于设置边框宽度，常用单位为 px，和边框样式一样，可以综合设置所有边框宽度，也可以分别设置四条边的边框宽度。具体如下：

a. border-top-width：设置上边框宽度。b. border-bottom-width：设置下边框宽度。c. border-left-width：设置左边框宽度。d. border-right-width：设置右边框宽度。e. border-width：上边框宽度、右边框宽度、下边框宽度、左边框宽度。f. border-width：上边框宽度、左右边框宽度、下边框宽度。g. border-width：上下边框宽度、左右边框宽度。h. border-width：上下左右边框宽度。

注意："border-width" 属性单独使用不起作用，要先使用 "border-style" 属性来设置边框样式。边框宽度设置代码如下：

1220   <html>

1221   <head>

1222   <title>边框宽度属性设置</title>

1223　<style>

1224　p. one ｛

1225　border-style：solid；

1226　border-width：15px；

1227　｝

1228　p. two ｛

1229　　border-style：solid；

1230　border-top-width：1px；

1231　　border-left-width：5px；

1232　　border-right-width：10px；

1233　　border-bottom-width：15px；

1234　｝

1235　p. three ｛

1236　border-style：double；

1237　border-width：15px 4px 10px；

1238　　｝

1239　p. four ｛border-width：15px 1px 10px；｝

1240　</style>

1241　</head>

1242　<body>

1243　<p class="one">一些文本。</p>

1244　<p class="two">一些文本。</p>

1245　<p class="three">一些文本。</p>

1246　<p class="four">一些文本。</p>

1247　</body>

1248　</html>

代码运行结果如图 7-8 所示，第一个段落同时设置了边框宽度，第二个段落分别设置了上、左、下、右 4 个边框宽度，第三个段落分别设置了上、左右、下边框宽度，最后一个段落由于没有设置 border-style 属性，所以边框宽度不起作用。

③边框颜色。border-color 用于设置边框颜色，取值可以是预定义颜色值，如 red、green 等，也可以是十六进制颜色#RRGGBB 或者 RGB 代码 rgb（r，g，b），其中最常用的是十六进制的表示，和边框样式一样，可以综合设置所有边框颜色，也可以分别设置四条边的边框颜色。具体如下：

a. border-top-color：设置上边框颜色。b. border-bottom-color：设置下边框颜色。c. border-left-color：设置左边框颜色。d. border-right-color：设置右边框颜色。e. border-color：上边框颜色、右边框颜色、下边框颜色、左边框颜色。f. border-color：

图 7-8　边框宽度代码显示效果

上边框颜色、左右边框颜色、下边框颜色。g. border-color：上下边框颜色、左右边框颜色。h. border-color：上下左右边框颜色。

注意："border-color" 属性单独使用不起作用。要先使用 "border-style" 属性来设置边框样式。边框颜色设置代码如下：

```
1249   <html>
1250   <head>
1251   <title>边框宽颜色性设置</title>
1252   <style>
1253   p. one
1254   {
1255      border-style：solid；
1256      border-color：red；
1257   }
1258   p. two
1259   {
1260      border-style：solid；
1261      border-top-color：#3d67ee；
1262      border-left-color：#ffaadd；
1263      border-right-color：green；
1264      border-bottom-color：blue；
1265   }
1266   p. three
1267   { border-style：double；
1268      border-color：red green blue；
1269   }
1270   p. four {border-color：red green blue；}
1271   </style>
1272   </head>
```

1273 `<body>`

1274 `<p class="one">`一些文本。`</p>`

1275 `<p class="two">`一些文本。`</p>`

1276 `<p class="three">`一些文本。`</p>`

1277 `<p class="four">`一些文本。`</p>`

1278 `</body>`

1279 `</html>`

代码运行结果如图7-9所示。

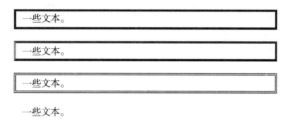

图7-9 颜色代码显示效果

④综合设置边框。CSS中提供了更为简单的边框设置方式，可以实现同时设置边框的宽度、样式和颜色，具体如下：

a. border：四边宽度、样式、颜色。b. border‐top：上边框宽度、样式、颜色。c. border-right：右边框宽度、样式、颜色。d. border‐bottom：下边框宽度、样式、颜色。e. border-left：左边框宽度、样式、颜色。

在上面的设置方式中，宽度、样式、颜色顺序任意，不分先后，可以指定需要的设置属性，其他的部分可以省略（样式不能省略，不指定样式，颜色和宽度指定无效）。

如果四边的边框宽度样式颜色都相同时，可以使用border进行综合设置，例如将四边都设置成双实线、红色、3px，代码如下：

h2 {border-bottom：3px double red；}

像border、border-top这样能够定义多个属性值的属性，称为复合属性。常用的复合属性有font、border、margin、padding和background等。实际工作中常使用复合属性，可以简化代码，提高页面运行速度，但是如果只有一项值，最好不要使用复合属性，以免样式不被兼容。

如果每一个侧边不一样，或者只是需要单独定义一侧边，可以使用单侧边框的综合设置属性来进行设置，例如以下代码设置了下边框为双实线、红色、3px：

h2 {border-bottom：3px double red；}

为了使初学者更好地理解复合属性，接下来对标题、段落和图片分别应用border相关属性进行设置，代码如下：

1280 `<html>`

1281 `<head>`

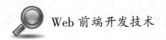

```
1282    <style type="text/css">
1283    .diva {width: 400;
1284        height: 300;}
1285    h2 {border-bottom: 4px double rgb (0, 250, 255) }
1286    p.one { border: 5px double rgb (250, 0, 255) }
1287    p.two { border-top: 1px solid rgb (250, 0, 255);
1288            border-left: 25px solid rgb (250, 0, 255);
1289            border-right: 20px solid rgb (250, 0, 255);
1290            border-bottom: 4px solid rgb (250, 0, 255) }
1291    .image {border: red 3px dashed;
1292            width: 300;
1293            height: 200;}
1294    </style>
1295    </head>
1296    <body>
1297    <div class="diva">
1298    <h2>边框属性综合设置</h2>
1299    <p class=one>one</p>
1300    <p class=two >two text</p>
1301    <img class="image" src="1">
1302    </div>
1303    </body>
1304    </html>
```

代码运行效果如图 7-10 所示，使用单侧复合属性设置了 h2 的下边框颜色、样式和宽度，第一个段落 p 使用了 border 进行复合属性设置，第二个段落 p 使用了单侧边复合属性分别设置四边属性，为图像进行了边框的综合设置。

边框属性综合设置

one

two text

HTML/CSS 网页设计

图 7-10　边框综合设置代码显示效果图

7.2　用户中心

7.2.1　案例描述

一些网站进行注册登录之后，为了方便用户进行个人信息的管理和设置，都会设置一个"用户中心"的模块，用户中心主要是对用户的基本信息进行设置和修改，包括了用户头像、修改密码、账号申诉等内容，如图 7-11 所示。

7.2.2　知识引入

（1）CSS 内边距属性

为了调整盒子中内容显示的位置，经常需要给元素设置内边距，所谓内边距是指元素内容与边框之间的距离，也称为内填充。

在 CSS 中 padding 属性用于设置内边距，同边框 border 属性一样，padding 也是复合属性，相关设置如下：

a. padding：简写属性，同时设置边框 4 个方向的内边距。b. padding-bottom：设置下内边距。c. padding-left：设置左内边距。d. padding-right：设置右内边距。e. padding-top：设置上内边距。

在上面的设置中，padding 相关属性的取值可以为 auto（默认值）、不同单位的数值、相对于父元素（或浏览器）的百分比。在实际使用时经常用到像素值 px，不用需使用负值。

设置内边距的代码如下：

图 7-11　案例页面效果图

```
1305    <html>
1306      <head>
1307      <title>padding--内边距</title>
1308      <style>
1309        . demo {
1310          width：400px；
1311          border：1px solid red；
1312          padding：20px；
1313        }
```

```
1314        . cs  {
1315            border：double；
1316        }
1317      </style>
1318    </head>
1319    <body>
1320    <div class="demo" >
1321        <div class="cs" >我是一个 div 标签，用来测试的，看看我四周的空
白</div>
1322      </div>
1323    </body>
1324  </html>
```

代码运行效果如图 7-12 所示。

图 7-12 内边距代码运行效果图

我们可以看出父盒子 div.demo 通过设置 padding：20px，让其与里面的子盒子 div.cs 四周有了 20px 的间距。如果把父盒子 div.demo 的内边距值分别修改成以下代码，结果会是什么样呢？

padding：20px 10px 0px 50px；

padding：20px 10px；

padding：20px 10px 50px；

同边框属性一样，使用复合属性 padding 定义内边距，必须按照顺时针顺序给属性赋值，一个值为四边内边距，两个值为上下、左右内边距，三个值为上、右左、下内边距，四个值则为四边内边距独立赋值。

除了使用 padding 复合设置四边内边距，还可以对四边内边距进行单独设置，我们通过以下代码来学习：

```
1325  <html>
1326  <head>
1327  <title>padding--内边距</title>
1328  <style>
1329  . demo  {
1330      width：400px；
1331      border：1px solid red；
```

```
1332          padding：20px；
1333        }
1334   h1 {
1335          padding-top：20px；
1336          border：1px solid #000；
1337        }
1338   .cs {
1339          border：double；
1340          padding-left：50px；
1341          padding-right：30px；
1342        }
1343   p {
1344       border：1px dashed palevioletred；
1345       padding-bottom：30px；
1346   }
1347   </style>
1348   </head>
1349   <body>
1350   <div class="demo" >
1351      <h1>css 内边距学习</h1>
1352      <div class="cs" >我是一个 div 标签，用来测试的，看看我四周的空白</div>
1353      <p>我在下面哈哈哈哈哈哈哈哈哈哈哈哈哈</p>
1354   </div>
1355   </body>
1356   </html>
```

代码运行效果图如图 7-13 所示。

图 7-13　CSS 内边距代码运行效果图

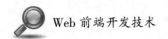

（2）CSS 外边距属性

一个网页是由多个盒子构成的，盒子与盒子之间要合理排列，拉开一定的距离，就需要为盒子设置外边距，所以外边距就是元素边框与相连元素之间的距离。

在 CSS 中使用 margin 来设置外边距，它和内边距 padding 一样，是一个复合属性，设置外边距的方法如下：

a. margin：简写属性，在一个声明中设置所有外边距属性。b. margin-bottom：设置元素的下外边距。c. margin-left：设置元素的左外边距。d. margin-right：设置元素的右外边距。e. margin-top：设置元素的上外边距。

margin 复合属性取值与 padding 复合属性取值一样，都是顺时针方向上、右、下、左进行赋值。一个值为四边外边距，两个值为上下、左右外边距，三个值为上、右左、下外边距，四个值则为四边外边距。

我们通过以下代码来学习外边距的运用：

```
1357    <html>
1358    <head>
1359    <style type="text/css">
1360    img {
1361        border：1px solid red；
1362        float：left；
1363        margin-right：50px；
1364        margin-bottom：30px；
1365        margin-left：2cm；
1366        width：150；
1367        height：100；}
1368    div {
1369        width：400px；
1370        height：150；
1371        background：red；
1372        }
1373    </style>
1374    </head>
1375    <body>
1376    <div>
1377    <img src="sc100714_1.jpg">
```

围绕在元素边框的空白区域是外边距。

<p>设置外边距会在元素外创建额外的"空白"。

<p>设置外边距的最简单的方法就是使用 margin 属性，这个属性接受任何长度单

位、百分数值甚至负值。

1378　　</div>

1379　　</body>

1380　　</html>

代码运行的效果如图 7-14 所示。在上面的代码中，使用了浮动属性 float 使得图像居左，同时设置了图像的左、下、右外边距，使得文字和图像之间拉开了一定的距离，我们在以后的章节会详细学习浮动。

图 7-14　CSS 外边距代码运行效果图

在以上显示结果中，我们可以看到，对于<p>标记，我们并没有设置外边距，但是现实的结果中，<p>标记的内容与其相邻内容之间仍然有空白，这些元素默认存在内边距和外边距样式中。网页中默认存在内外边距的元素有<body>、<h1>~<h6>、<p>等。

为了更方便地控制网页中的元素，制作网页时可以使用如下代码清除元素的默认内外边距：

```
*  {
    padding：0；
    margin：0；
}
```

7.2.3　案例实现

（1）结构分析

图 7-15 中，可以把"用户中心"界面看作一个大盒子，用<div>标记定义，用户头像是一个<div>标记中嵌套的<img>标记，大盒子下面的是"用户资料"，可以在<div>标记中嵌套<p>标记来实现。

（2）样式分析

实现效果图 7-15 所示样式的思路如下：

①通过最外层大盒子对界面进行整体控制，需要对其进行宽度、高度、字体、字

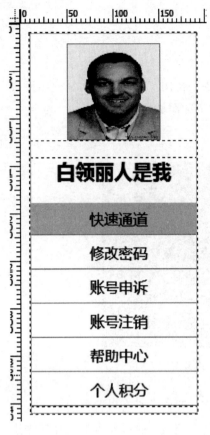

图 7-15   "用户中心"界面结构分析

号等样式设置。

②控制"用户资料"模块,需要设置其中的段落宽度、高度、行高、边距、边框样式等。

(3) 页面结构

根据上面的分析搭建 HTML 网页结构,代码如下:

```
1381   <html>
1382   <head>
1383   <title>用户中心</title>
1384   </head>
1385   <body>
1386   <div class="all">
1387   <div>
1388   <img src="1.jpg" alt="用户头像">
1389   </div>
1390   <div class="info">
1391      <h2>白领丽人是我</h2>
1392      <p class="one">快速通道</p>
1393      <p>修改密码</p>
1394      <p>账号申诉</p>
1395      <p>账号注销</p>
1396      <p>帮助中心</p>
1397      <p>个人积分</p>
1398   </div>
1399   </div>
1400   </body>
1401   </html>
```

(4) CSS 样式

搭建网页页面结构后,接下来使用 CSS 对页面进行修饰,具体步骤如下:

①定义基础样式。

body, p, img {padding: 0;   margin: 0;}

②整体控制外层大盒子。

.all {width: 180px;

      height: 399px;

      margin: 10px; auto;

      font-family:"微软雅黑";

```
            font-size: 16px;
            border: 1px #CCCCCC solid;
            text-align: center;
            }
```
③控制图片和段落文字样式。
```
img {margin: 10px 0 0 0px;
            width: 100px;
            height: 100px;
            border: #999999 solid 1px;
            text-align: center;
            }
. info p {
            width: 170px;
            height: 33px;
            line-height: 33px;
            border-bottom: 1px #999999 solid ;
            margin-top: 2px;
            padding-left: 10px;
            }
h2 { text-align: center; }
p. one { background-color: #CCCCCC; }
```
至此，完成了"用户中心"CSS 样式部分，同时完成了整体代码，实现了本小节开头图 7-11 所示效果。

7.3   实现登录页面插入背景图片

7.3.1   案例描述

登录模块是购物网站的重要组成部分，主要是用来匹配用户权限，而登录页面的背景图片直接关系着用户体验，本节来实现登录页面插入背景图片功能。

7.3.2   知识引入

（1）背景颜色设置

在 CSS 中，网页背景颜色的设置使用 background-color 属性来设置，其属性值与文本颜色的取值一样，可以使用预定义的颜色值、十六进制或 rgb 代码。background-color的默认值为 transparent（透明背景），这时子元素会显示其父元素的背景。

为了更好地学习背景颜色属性，我们通过以下代码来设置网页页面的背景颜色和段落背景颜色：

```
1402    <html>
1403    <head>
1404    <style type="text/css">
1405    body {background-color: yellow}
1406    h1 {background-color: #00ff00}
1407    h2 {background-color: transparent}
1408    p {background-color: rgb (250, 0, 255)}
1409    p. no2 {background-color: gray;
1410            padding: 20px;
1411            }
1412    </style>
1413    </head>
1414    <body>
1415    <h1>这是标题 1</h1>
1416    <h2>这是标题 2</h2>
1417    <p>这是段落</p>
1418    <p class="no2">这个段落设置了内边距。</p>
1419    </body>
1420    </html>
```

在上面的代码中，分别通过 background-color 属性控制了网页背景、标题和段落的背景颜色。标题 2 设置的背景颜色为透明，所以我们看到的是父元素 body 的背景颜色。效果如图 7-16 所示。

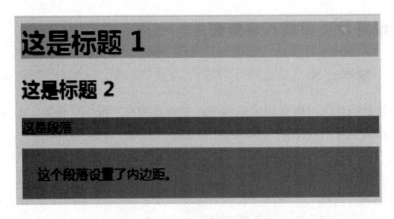

图 7-16　背景颜色显示效果图

（2）背景图像设置

背景可以设置为颜色，也可以设置为图片，用图片作为背景需要使用 background-image 属性。background-image 属性的默认值是 none，表示背景上没有放置任何图像。

要使用图片作为背景，首先要准备一张背景图片，如图 7-17 所示，将图像放到网页所在的文件夹中。想要为网页设置一个背景图像，必须为这个属性设置一个 url 值。

图 7-17　准备的背景图像

设置网页页面背景图像的代码如下，显示的效果图如图 7-18 所示。

body ｛ background-color：red；

background-image：url（3. gif）；｝

图 7-18　网页背景图像设置

从上面的显示结果来看，背景图像自动沿着水平和竖直方向平铺，充满整个网页，并且会覆盖背景颜色的设置。

大多数背景都会应用到 body 元素，不过并不仅限于此。下面的代码为一个段落应用了一个背景，而不会对文档的其他部分应用背景。

p. flower ｛background-image：url（3. gif）；｝

（3）背景图像平铺

在默认的情况下，背景水平竖直方向都会平铺，如果不希望背景平铺或者只朝一个方向平铺，可以使用 background-repeat 属性进行设置，该属性的取值如下：

a. repeat：（默认值）水平竖直方向平铺。b. repeat-x：图像只在水平方向平铺。c. repeat-y：图像只在垂直方向平铺。d. no-repeat：不平铺，背景图片位于元素左上角，只显示一次。

例如以下代码：

body

｛background-color：red；

background-image：url（3. gif）；

background-repeat：repeat-y；

｝

157

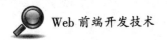

代码显示效果如图 7-19 所示。

图 7-19　设置了背景平铺属性代码效果图

在图 7-19 中，我们看到，图像只进行了垂直平铺，图片覆盖的区域显示了图片，图片没有覆盖的区域则显示了设置的背景颜色红色。也就是说，背景图像和背景颜色同时存在时，优先显示背景图像。

（4）背景图像位置

如果将背景图像的 background-repeat 属性设置为 no-repeat，则图像将显示在元素的左上角，如果希望背景图像出现在其他位置，就需要设置另一个 CSS 属性 background-position 来定位背景图像的位置。下面的代码将一个背景图像居中放置：

```
1   <html>
2   <head>
3   <style type="text/css">
4   body
5   {
6     background-image：url（'3.gif'）；
7     background-repeat：no-repeat；
8     background-attachment：fixed；
9     background-position：center；
10  }
11  </style>
12  </head>
13  <body>
14  <body>
15  <p><b>提示：</b>您需要把 background-attachment 属性设置为 "fixed"，才
        能保证该属性在 Firefox 和 Opera 中正常工作。</p>
16  </body>
17  </body>
18  </html>
```

代码显示效果如图 7-20 所示。

为 background-position 属性提供值有很多方法。首先，可以使用一些关键字：top、

提示：您需要吧background-attachment属性设置为"fixde"，才能保证该属性在Firefox和Opera中正常工作。

图 7-20　页面背景固定效果

bottom、left、right 和 center。通常，这些关键字会成对出现，不过也不总是这样。其次，还可以使用长度值，如 100px 或 5cm。最后，也可以使用百分数值。不同类型的值对于背景图像的放置稍有差异。

①关键字。图像放置关键字最容易理解，其作用如其名称所表明的。例如，top right 使图像放置在元素内边距区的右上角。根据规范，位置关键字可以按任何顺序出现，只要保证不超过两个关键字：一个对应水平方向，另一个对应垂直方向。如果只出现一个关键字，则认为另一个关键字是 center。所以，如果希望每个段落的中部上方出现一个图像，只需声明如下：

```
p
  {
    background-image：url（'bgimg. gif'）；
    background-repeat：no-repeat；
    background-position：top；
  }
```

下面是等价的位置关键字：

a. center：center center。b. top：top center 或 center top。c. bottom：bottom center 或 center bottom。d. right：right center 或 center right。e. left：left center 或 center left。

②百分数。百分数的表现方式更为复杂。下面的代码是用百分数使图像在其元素中居中：

```
body
```

159

```
    {
    background-image：url（'bgimg. gif'）;
    background-repeat：no-repeat;
    background-position：50% 50%;
    }
```

以上代码会导致图像适当放置，其中心与其元素的中心对齐。换句话说，百分数值同时应用于元素和图像。也就是说，图像中描述为 50% 50% 的点（中心点）与元素中描述为 50% 50% 的点（中心点）对齐。

如果图像位于 0% 0%，其左上角将放在元素内边距区的左上角。如果图像位置是 100% 100%，会使图像的右下角放在右边距的右下角。

因此，如果你想把一个图像放在水平方向 2/3、垂直方向 1/3 处，可以这样声明：

```
body
    {
    background-image：url（'bgimg. gif'）;
    background-repeat：no-repeat;
    background-position：66% 33%;
    }
```

background-position 的默认值是 0% 0%，在功能上相当于 top left。这就解释了背景图像为什么总是从元素内边距区的左上角开始平铺，除非你设置了不同的位置值。

③长度值。长度值解释的是元素内边距区左上角的偏移。偏移点是图像的左上角。

比如，如果设置值为 50px 100px，图像的左上角将在元素内边距区左上角向右 50像素、向下 100 像素的位置上，如下所示：

```
body
    {
    background-image：url（'bgimg. gif'）;
    background-repeat：no-repeat;
    background-position：50px 100px;
    }
```

注意，这一点与百分数不同，因为偏移只是从一个左上角到另一个左上角。也就是说，图像的左上角与 background-position 声明中的指定的点对齐。

（5）背景图像固定

我们可以看到前面设置的背景图像会随着页面滚动条的滚动，背景图像也会一起移动，如果希望背景图像固定在屏幕上（有时会以一副完整的图像作为背景，并不需要它进行平铺），可以使用 background-attachment 属性防止这种滚动。通过这个属性，可以声明图像相对于可视区是固定的（fixed），因此不会受到滚动的影响。如下所示：

body

```
        }
    background-image: url ('bgimg. gif');
    background-repeat: no-repeat;
    background-attachment: fixed
        }
```

background-attachment 属性的默认值是 scroll，也就是说，在默认的情况下，背景会随文档滚动。

（6）综合设置背景图像

同边框属性一样，背景属性也是一个复合属性，所有的属性设置都可以在一个声明中完成，使用 background 属性综合设置背景样式格式如下：

background: 背景色 url（"图像地址"）平铺 定位 固定；

上面的语法中，各个样式顺序任意，中间用空格隔开，不需要改的样式可以省略。代码中的段落内容可以多写几行，直到出现滚动条，能够更直观地看到 fixed 的效果。例如以下代码：

```
1421  <html>
1422  <head>
1423  <style type = "text/css" >
1424  body
1425      {
1426  background: #ff0000 url（3. gif）no-repeat fixed center;
1427      }
1428  </style>
      </head>
1429  <body>
1430  <p>这是一些文本。</p>
1431  <p>这是一些文本。</p>
1432  <p>这是一些文本。</p>
1433  <p>这是一些文本。</p>
1434  <p>这是一些文本。</p>
1435  <p>这是一些文本。</p>
1436  <p>这是一些文本。</p>
1437  <p>这是一些文本。</p>
1438  <p>这是一些文本。</p>
1439  </body>
1440  </html>
```

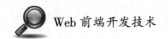

7.4 实现购物商城分类板块

7.4.1 案例描述

购物分类板块是购物网站的重要组成部分，它引导用户对整个网站进行访问，关系着网站的可用性和用户体验。本节尝试做一个商城购物分类板块，效果如图 7-21 所示。

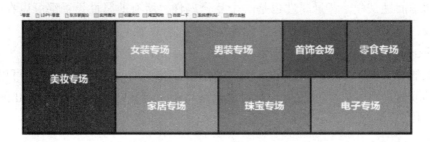

图 7-21 购物网站分类板块

7.4.2 知识引入

（1）元素的类型

HTML 提供丰富的标记，用于组织页面结构，一般分为块标记和行内标记，也称为块元素和行内元素。

块元素在页面中以区块的形式出现，特点是每个块元素都会独自占据一整行或多整行，可以对其设置宽、高、对齐等属性，常用于网页布局和网页结构的搭建。常见的块元素有：<h1>~<h6>、<p>、<div>、<ul>、<ol>、<li>。

行内元素则与块元素不同，不必从新的一行开始，也不会强迫占据一行。一个行内元素通常会和其他行内元素显示在同一行。常见的行内元素有：<strong>、<b>、<em>、<i>、<del>、<s>、<ins>、<u>、<a>、<span>。

（2）<span>标记

<span>标记被广泛运用于 HTML 中，配合 class 属性使用，用于定义网页中某些特殊显示的文本。该标记本身没有固定的表现格式，只有运用样式时才会产生视觉的变化。例如以下代码：

```
1441   <html>
1442   <head>
1443   <style type="text/css">
1444   .header {font-family:"迷你简长宋";
1445   font-size：16px；
```

1446　color：#FF0000；

1447　}

1448　div | width：250；

1449　height：20；

1450　padding：20px；

1451　border-style：dashed；

1452　margin：2px；

1453　}

1454　</style>

1455　</head>

1456　<body>

1457　<div>

1458　<span class="header" >span 元素</span>

1459　<span>第二个 span 元素</span>

1460　</div>

1461　<div>

1462　<span class="header" >第三个 span 元素</span>

1463　<span>第四个 span 元素</span>

1464　</div>

1465　</body>

1466　</html>

代码显示结果如图 7-22 所示。

图 7-22　代码显示结果

（3）元素转换

在网页中，多个块元素和行内元素共同构成网页的布局，如果希望行内元素具有块元素的某些特性，如可以设置宽、高，或者需要块元素具有行内元素的某些特性，如不独占一行，可以使用 display 属性对元素进行转换。display 取值如下：

a. inline：元素将显示为行内元素。b. block：显示为块元素。c. inline-block：显示

163

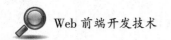

为行内块元素，可以设置框高和对齐属性，但是该元素不会独占一行。d. none：元素被隐藏、不显示，相当于该元素不存在。

通过下面的代码来看元素之间的转换：

```
1467  <html>
1468  <head>
1469  <style type="text/css">
1470  div，span ｛width：200px；
1471          height：50px；
1472          background-color：#FFCCCC；
1473          margin：10px；
1474          ｝
1475  .d_ one，.d_ two ｛display：inline；｝ ／*前两个 div 转换为行内元素 */
1476  .s_ one ｛display：inline-block｝ ／*第一个 span 元素转换为行内块元素 */
1477  .s_ three ｛display：block；｝ ／*第三个 span 转换为块元素 */
1478  </style>
1479  </head>
1480  <body>
1481    <div>第一个 div</div>
1482    <div>第二个 div</div>
1483    <div>第三个 div</div>
1484  <span>第一个 span</span>
1485  <span>第二个 span</span>
1486  <span>第三个 span</span>
1487  <hr>
1488  <div class="d_ one">第一个 div</div>
1489  <div class="d_ two">第二个 div</div>
1490    <div>第三个 div</div>
1491  <span class="s_ one">第一个 span</span>
1492  <span>第二个 span</span>
1493  <span class="s_ three">第三个 span</span>
1494  </body>
```

以上代码运行效果如图 7-23 所示。

在上面代码中，定义了 3 对 div 和 3 对 span，水平线前面的是没有进行任何转换的，可以看出 div 标记显示除了宽、高效果，每个 div 独占一行。水平线下方显示的是对标记进行了转换。第一和第二个 div 标记转换为了行内元素，所以两个 div 排在了一行，宽和高都发生变化。第一个 span 被转换为行内块元素，它显示了宽和高，但是没

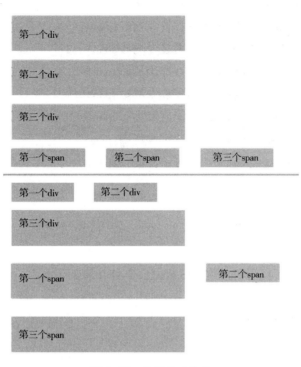

图 7-23　代码显示结果

有独占一行，而第三个 span 转换为了块元素，显示了宽和高的效果，并且独占一行。

7.4.3　案例实现

（1）结构分析

图 7-21 分类板块的结果表明，页面由 8 个小方块组成，在大盒子 div 中嵌套 8 个小盒子 span 来实现。

（2）样式分析

为了实现整个效果，样式思路如下：

①控制整个大盒子的宽度、高度、背景色、内外边距。

②整体控制小盒子 span，设置小盒子的字体颜色、文字样式、文字居中、左外边距、左浮动、将 span 转换为行内块元素。

③对每个盒子设置自己的样式，主要是宽度和背景色，其中第 2、3、4、5 个 span 设置宽度和背景，第 6、7、8 个除了背景还设置了上外边距，主要是为了和上面的 span 有一定的间距。

（3）制作页面结构

根据上面的分析，搭建如下 HTML 网页结构：

1495　<body>

1496　<div class = " all" >

165

```
1497        <span class="block1" >美妆专场</span>
1498        <span class="block2" >女装专场</span>
1499        <span class="block3" >男装专场</span>
1500        <span class="block4" >首饰会场</span>
1501        <span class="block5" >零食专场</span>
1502        <span class="block6" >家居专场</span>
1503        <span class="block7" >珠宝专场</span>
1504        <span class="block8" >电子专场</span>
1505    </div>
1506    </body>
```

这时页面中只有文字，没有效果。

（4）定义 CSS 样式

页面结构完成后，我们要搭建 CSS 样式，具体步骤如下：

①定义基础样式。

`*  {padding：0；margin：0；}`

②控制大盒子。

```
. all  {width：1195px；
        height：332px；
        margin：0 auto；
        padding-top：5px；
        background-color：#666666
        }
```

③整体控制小盒子。

```
span {float：left；     /* 设置其浮动为左浮动 */
      color：white；      /* 设置其字体颜色为白色 */
      font-size：30px；     /* 设置字号为 30px */
      font-weight：bolder；     /* 设置文字加粗 */
      text-align：center；
      margin-left：5px；
      display：inline-block；
      }
. block1～span {/* 通用兄弟元素选择器，设置出第一个以外的其他板块的样式 */
      height：160px；     /* 设置其高度为 160 像素 */
      line-height：160px；     /* 设置行高，使其文字在模块中垂直居中显示 */
}
```

④控制每个小盒子。

```
. block1 {  /*设置第一个板块的样式*/
        width：280px;        /*设置其宽度为 280 像素*/
        height：325px;
        background：#e36e60; /*设置背景颜色*/
        line-height：325px;   /*设置行高，使其文字在模块中垂直居中显示*/
}
2159. block2 {    /*设置第二个版块的样式*/
   width：210px;               /*设置宽度为 210 像素*/
   background：#7ed5c2;          /*设置背景颜色*/
}
```

第 3~8 个小盒子的设置与第 2 个一样，设置宽度和背景色就可以。

至此，我们就完成了分类板块的 CSS 样式部分，保存好网页并刷新页面，就能看到本案例开始的图 7-21 的效果了。

项目8 表格与框架

 学习目标

- 理解表格的相关概念。
- 熟练运用表格掌握页面布局技术。
- 熟悉框架的作用。
- 掌握框架及框架集的创建方法和基本操作。
- 能用框架布局页面。

8.1 表格

8.1.1 案例描述

在进行网页设计时，通常会根据客户需求考虑好主色调、图片、字体、颜色后，再用 Photoshop 等软件设计主体页面，然后切成小图，再通过表格的定位来排版这些元素，从而设计整个网页页面。

表格不仅是网页中的一个组成内容，还有一个非常重要的作用就是利用表格来布局页面和组织元素，其优势在于它能对不同对象加以处理，而又不用担心不同对象之间的影响，常见的对象如：导航条、文字、图像、动画等。用表格布局页面的技巧在于熟练使用表格嵌套以及表格中单元格的拆分与合并，也就是合理利用表格的行数和列数来控制页面的布局。

8.1.2 知识引入

（1）认识表格

表格由行、列、单元格、边框组成。其中边框是整张表格的边缘，行是表格中的水平分隔，列是表格中的垂直分隔，单元格是行列交叉部分，单元格中的内容和边框之间的距离称为边距，单元格和单元格之间的距离称为间距。

基本语法如下：

```
<table>
  <tr>
    <td>单元格内容</td>
```

　　......

　　</tr>

　　<tr>

　　　<td>单元格内容</td>

　　　...

　　　</tr>

　　...

</table>

语法说明：表格中所有<table>、<tr>以及<td>标记都必须成对出现。一个 <table>标记可以包含一个或多个<tr>标记，一个<tr>标记可以包含一个或多个<td>标 记。所有需要在表格中显示的内容包括嵌套表格都是放到<td>标记对之中的。

【案例 8-1】创建简单的表格

```
1507    <! DOCTYPE html PUBLIC "-//W3C//DTD XHTML 1.0 Transitional//EN"
1508    "http://www.w3.org/TR/xhtml1/DTD/xhtml1-transitional.dtd" >
1509    <html xmlns="http://www.w3.org/1999/xhtml" >
1510    <head>
1511    <meta http-equiv="Content-Type" content="text/html; charset=utf-8" />
1512    <title>创建简单的表格</title>
1513    </head>
1514    <body>
1515    <table>
1516    <tr>
1517    <td>第1行中的第1个单元格</td>
1518    <td>第1行中的第2个单元格</td>
1519    </tr>
1520    <tr>
1521    <td>第2行中的第1个单元格</td>
1522    <td>第2行中的第2个单元格</td>
1523    </tr>
1524    </table>
1525    </body>
1526    </html>
```

该例使用了<table>、<tr>和<td>创建了一个两行两列的表格，运行结果如图 8-1 所示。但该图中的表格没有边框，下面将介绍如何使表格显示边框。

　　（2）表格常用属性

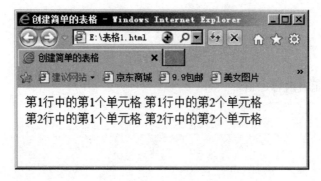

图 8-1　行和列的应用

①table 标记常用属性如表 8-1 所示。

表 8-1　　　　　　　　　　　　　　table 标记常用属性

属性	描述
border	设置表格边框宽度，单位为像素（默认不显示边框），设置 border="0"将取消边框
width	设置表格宽度，单位为像素或上一级对象窗口的百分比
height	设置表格高度，单位为像素或上一级对象窗口的百分比
bordercolor、bordercolordark、bordercolorlight	设置表格边框颜色/亮边框颜色（左上边框颜色）/暗边框颜色（右下边框颜色）
bgcolor	设置表格的背景颜色
background	设置表格的背景图像
cellspacing	设置相邻单元格之间的间距
cellpadding	设置单元格边框与内容的间距
align	设置表格的水平对齐方式（默认左对齐）

②tr 标记常用属性如表 8-2 所示。

表 8-2　　　　　　　　　　　　　　<tr>标记常用属性

属性	描述
align	设置行中各单元格内容的水平对齐方式（默认左对齐）
valign	行中各单元格内容的垂直对齐方式（默认居中对齐）
bgcolor	设置行的背景颜色
background	设置行的背景图像
bordercolor	设置行的边框颜色

③<td>、<th>标记常用属性如表 8-3 所示。

表 8-3　　　　　　　　　　　　<td>、<th>标记常用属性

属性	描述
align	设置单元格内容的水平对齐方式（td 的默认左对齐，th 的默认居中对齐）
valign	设置单元格内容的垂直对齐（top｜middle｜bottom，默认居中对齐）
bgcolor	设置单元格的背景颜色
background	设置单元格的背景图像
bordercolor	设置单元格的边框颜色
width	设置单元格的宽度，单位为像素或表格宽度的百分比
height	设置单元格的高度
rowspan	设置单元格的跨行操作
colspan	设置单元格的跨列操作

【案例 8-2】 创建有边框的表格

```
1527    <! DOCTYPE html PUBLIC "-//W3C//DTD XHTML 1.0 Transitional//EN"
1528    "http://www.w3.org/TR/xhtml1/DTD/xhtml1-transitional.dtd">
1529    <html xmlns="http://www.w3.org/1999/xhtml">
1530    <head>
1531    <meta http-equiv="Content-Type" content="text/html; charset=utf-8" />
1532    <title>创建有边框的表格</title>
1533    </head>
1534    <body>
1535    <table border="1" bordercolor="eecc22">
1536    <tr>
1537    <td>第 1 行中的第 1 个单元格</td>
1538    <td>第 1 行中的第 2 个单元格</td>
1539    </tr>
1540    <tr>
1541    <td>第 2 行中的第 1 个单元格</td>
1542    <td>第 2 行中的第 2 个单元格</td>
1543    </tr>
1544    </table>
1545    </body>
1546    </html>
```

在上例的<table>标记的基础上增加了 border 和 bordercolor 属性设置，运行结果如

171

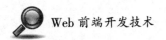

图 8-2 所示。从图中可看到表格显示了边框，并且边框颜色变成了黄色。

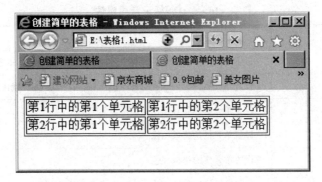

图 8-2　设置表格的宽度和高度

默认情况下，创建的表格的宽度和高度将根据单元格的内容自动调整。我们在制作网页时为了达到某种效果，常常需要修改默认的表格宽度和高度，使用 width 和 height 属性实现。

【案例 8-3】设置表格的表头

1547　<! DOCTYPE html PUBLIC "-//W3C//DTD XHTML 1.0 Transitional//EN"

1548　"http://www. w3. org/TR/xhtml1/DTD/xhtml1-transitional. dtd">

1549　<html xmlns="http://www. w3. org/1999/xhtml">

1550　<head>

1551　<meta http-equiv="Content-Type" content="text/html; charset=utf-8" />

1552　<title>创建有边框的表格</title>

1553　</head>

1554　<body>

1555　<table border="1" bordercolor="eecc22" width="500" height="100">

1556　<tr>

1557　<td>第 1 行中的第 1 个单元格</td>

1558　<td>第 1 行中的第 2 个单元格</td>

1559　</tr>

1560　<tr>

1561　<td>第 2 行中的第 1 个单元格</td>

1562　<td>第 2 行中的第 2 个单元格</td>

1563　</tr>

1564　</table>

1565　</body>

1566　</html>

在表格的第一行或第一列中使用<th>标记可以创建标题单元格，即表头。

172

基本语法为：<th>表头内容</th>

语法说明：设置表头内容加粗并居中显示在单元格中。

```
1567   <! DOCTYPE html PUBLIC "-//W3C//DTD XHTML 1.0 Transitional//EN"
1568   " http://www. w3. org/TR/xhtml1/DTD/xhtml1-transitional. dtd" >
1569   <html xmlns = " http://www. w3. org/1999/xhtml" >
1570   <head>
1571   <meta http-equiv = " Content-Type" content = "text/html; charset = utf-8" />
1572   <title>创建表头</title>
1573   </head>
1574   <body>
1575   <table border = "1" bordercolor = "eecc22" width = "500" height = "100" >
1576   <tr>
1577   <th>第 1 列</th>
1578   <th>第 2 列</th>
1579   </tr>
1580   <tr>
1581   <td>第 1 行中的第 1 个单元格</td>
1582   <td>第 1 行中的第 2 个单元格</td>
1583   </tr>
1584   <tr>
1585   <td>第 2 行中的第 1 个单元格</td>
1586   <td>第 2 行中的第 2 个单元格</td>
1587   </tr>
1588   </table>
1589   </body>
1590   </html>
```

8.2 框架

8.2.1 案例描述

在页面设计中，除了传统的表格布局外，目前使用较多的还有框架布局。框架也是一种网页定位工具，其作用是将一个浏览器窗口划分为多个区域，每个区域都载入不同的 HTML 文件，将它们组合成一个完整的框架集结构，各框架中的网页通过一定的链接关系联系起来，实现彼此间的互相控制。框架的主要用途是导航，通常会在一个窗口中显示导航条，另一个窗口作为内容窗口，用于显示导航栏目的目标页面内容，窗口的内容会根据导航栏目的不同而动态变化，如图 8-3 所示。

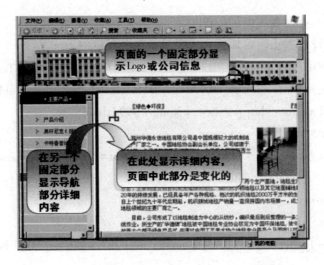

图 8-3　框架用于导航

● 框架的两类用途

①显示多窗口页面：使用<frameset>框架集。

②页面复用：使用<iframe/>内嵌框架。

框架页面的作用主要是分割窗口，该页面中不涉及具体内容，所以在该页面不需要使用<body>标记。框架的基本结构主要分为框架集和框架两个部分，在网页中分别使用<frameset>和<frame>标记来定义。基本语法如下：

```
<frameset>
    <frame/>
    <frame/>
    …
</frameset>
```

语法说明：一个框架集中可以包括多个框架，每个框架窗口显示的页面由框架的src 属性指定。

8.2.2　知识引入

8.2.2.1　框架集标记<frameset>

框架集标记<frameset>的作用主要是定义浏览器窗口的分割方式、各分割窗口的大小，以及设置框架边框的颜色和粗细等属性，如表 8-4 所示。

表 8-4　框架集标记<frameset>

属性	属性值	描述
border	n	设置边框粗细，像素值
bordercolor	…	以 RGB 颜色值或颜色英文名设置所有框架边框颜色

续表

属性	属性值	描述
frameborder	0/no	所有框架都不显示边框
	1/yes	所有框架都显示边框，默认值为 1
framespacing	n	设置框架之间的间距，像素值
rows	n1，n2…	使窗口按行的方式分割（上下分割）
cols	n1，n2…	使窗口按列的方式分割（左右分割）

<frameset>标记对浏览器窗口的分割存在不同的方式，主要分为以下类型：①水平框架：左右（水平）分割。②垂直框架：上下（垂直）分割。③混合框架：嵌套分割，浏览器窗口既存在左右分割，又存在上下分割。

创建框架网页的步骤包括：①创建各子窗口对应的 HTML 文件。②创建整个框架页面文件，引用子窗口文件。

框架由多个页面组成，如图 8-4 所示。

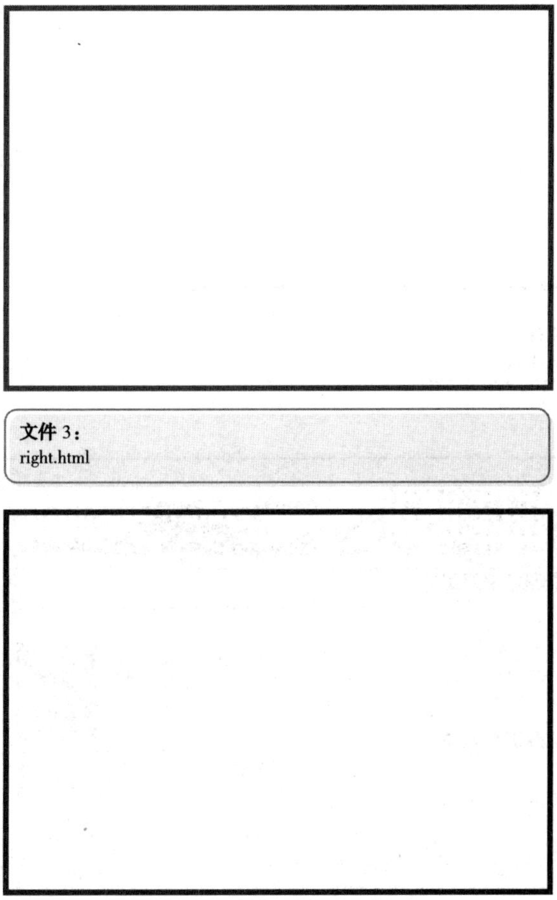

文件 3：
right.html

文件2：left.html

文件1：
top.html

图8-4　框架组成

（1）水平框架

水平框架表示在水平方向将浏览器窗口分割成多个窗口，这种方式的分割需要使用<frameset>标记的 cols 属性。

基本语法为：

<frameset cols＝"value1、value2、…" >

　　<frame/>

　　<frame/>

　　…

</frameset>

语法说明：

cols 属性值的个数决定了<frame>标记的个数，即分割的窗口个数。各个值之间使用逗号分隔，各个值定义了相应框架窗口的宽度，可以是数字（单位是像素），也可以是百分比和以"＊"号表示的剩余值。

【案例 8-4】 水平框架

1591　<! DOCTYPE html PUBLIC "-//W3C//DTD XHTML 1.0 Frameset//EN"
"http://www. w3. org/TR/xhtml1/DTD/xhtml1-frameset. dtd" >

1592　<html>

1593　<head>

1594　<meta http-equiv＝"Content-Type" content＝"text/html; charset＝utf-8" />

1595　<title>水平框架</title>

1596　</head>

1597　<frameset rows＝" 20%，＊，30%" border＝"5" bordercolor＝"#FF0000" >

1598　<frame name＝" topFrame" src＝" subframe/first. html" />

1599　<frame name＝" mainFrame" src＝" subframe/second. html" />

1600　<frame name＝" bottomFrame" src＝" subframe/third. html" />

1601　</frameset>

1602　</html>

运行结果如图 8-5 所示。

图 8-5　水平框架运行效果图

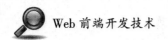
注意：

- 框架和 body 不能共存。
- 为了兼容性，可以使用<noframes>标签。

（2）垂直框架

垂直框架表示在垂直方向将浏览器窗口分割成多个窗口，这种方式的分割需要使用<frameset>标记的 rows 属性。

基本语法为：

<frameset rows＝"value1、value2、…">

  <frame/>

  <frame/>

  …

</frameset>

语法说明：

rows 属性值的个数决定了<frame>标记的个数，即分割的窗口个数。rows 属性定义了窗口的高度，取值与 cols 属性的取值完全一样。

【案例8-5】垂直框架

1603 <! DOCTYPEhtml PUBLIC "-//W3C//DTD XHTML 1.0 Frameset//EN" "http://www. w3. org/TR/xhtml1/DTD/xhtml1-frameset. dtd">

1604 <html>

1605 <head>

1606 <meta http-equiv="Content-Type" content="text/html; charset=utf-8" />

1607 <title>垂直框架</title>

1608 </head>

1609 <frameset cols="200，＊，200" border="5" bordercolor="#FF0000">

1610 <frame name="leftFrame" src="subframe/first. html" />

1611 <frame name="mainFrame" src="subframe/second. html" />

1612 <frame name="rightFrame" src="subframe/third. html" />

1613 </frameset>

1614 </html>

运行结果如图 8-6 所示。

（3）混合框架

在实际应用中，浏览器窗口既存在水平分割又存在上下分割，这种分割窗口的方式称为混合框架。这种方式的分割需要在<frameset>标记对内部嵌套<frameset>标记，并且子标记<frameset>和其直接父标记<frameset>的分割窗口方式不同。

基本语法为：

图 8-6 垂直框架运行效果图

```
<frameset rows="value1、value2、…">
    <frame/>
    <frameset cols="value1、value2、…">
    <frame/>
    <frame/>
    …
</frameset>
```

语法说明：

嵌套的<frameset>标记将会把父标记<frameset>分割的对应窗口再按自己指定的分割方式进行第二次分割。嵌套的<frameset>标记替换了需二次分割的框架。

【案例 8-6】混合框架

```
1615  <html>
1616  <head>
1617  <title>混合框架</title>
1618  </head>
1619  <frameset cols ="20%，80%">
1620    <frame src ="subframe/left. html">
1621    <frameset rows="75%，25%">
1622      <frame src ="subframe/main. html" />
1623      <frame src ="subframe/bottom. html" />
1624    </frameset>
1625  </frameset><noframes></noframes>
1626  </html>
```

运行结果如图 8-7 所示。

（4）实现窗口间的关联

● 设置窗口名（框架主页）。

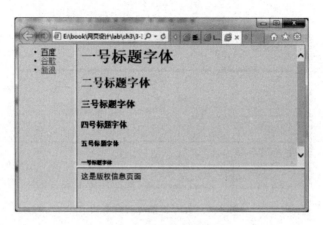

图 8-7　混合框架效果图

【案例 8-7】实现窗口间的关联

1627　<html>

1628　<head>

1629　　<title>实现窗口间的关联</title>

1630　</head>

1631　<frameset cols ="20%，80%">

1632　　<frame src="subframe/left. html" name=" dftFrame">

1633　　<frameset rows="75%，25%">

1634　　　<frame src="subframe/main. html" name="mainFrame" />

1635　　　<frame src="subframe/bottom. html" name="bottomFrame" />

1636　　</frameset>

1637　</frameset><noframes></noframes>

1638　</html>

设置链接在右窗口中打开：

<a href="right. html" target="rightFrame">

target 的其他用法包括：a. 在新窗口中显示：_ blank。b. 在自身窗口中显示：_ self。c. 在上级窗口显示：_ top。d. 在父窗口显示：_ parent。

示例如下：

<ul>

<li><a href="http：//www. baidu. com" target=" mainFrame">百度</a></li>

<li><a href="http：//www. 1688. com" target=" mainFrame">阿里巴巴</a></li>

<li><a href="http：//www. qq. com. cn" target=" mainFrame">腾讯</a></li>

</ul>

运行结果如图 8-8 所示。

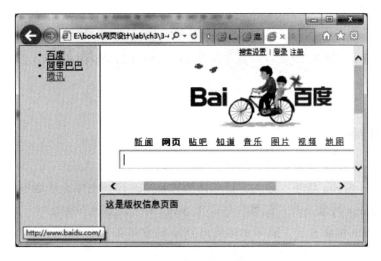

图 8-8　窗口间的关联

8.2.2.2　＜iframe＞内嵌框架

＜frameset＞需要使用多个文件，目录结构复杂，内嵌较为灵活，可以在网页的任何位置使用，可以作为模板在本网站的多个页面重复使用。和＜frameset＞不同，放在＜body＞标签内，使用＜src＞属性指明引用的网页文件。如下所示：

＜body＞

　＜iframe　src＝"引用页面地址"　name＝"框架标识名"　frameborder＝"边框" scrolling＝"no" /＞

　＜body＞

【案例8-8】在网页中创建内嵌框架

1639　＜! DOCTYPEhtml PUBLIC "-//W3C//DTD XHTML 1.0 Frameset//EN" "http://www. w3. org/TR/xhtml1/DTD/xhtml1-frameset. dtd" ＞

1640　＜html xmlns＝"http://www. w3. org/1999/xhtml" ＞

1641　＜head＞

1642　　＜meta http-equiv＝"Content-Type" content＝"text/html; charset＝utf-8" /＞

1643　　＜title＞iframe 简单使用＜/title＞

1644　＜/head＞

1645　＜body＞

1646　＜iframe src ＝ "http://www. baidu. com" width ＝ "500px" height ＝ "350px" frameborder＝"1" scrolling＝"no" ＞＜/iframe＞

1647　＜iframe src ＝ "subframe/second. html" width ＝ "500px" height ＝ "350px" scrolling＝"no" ＞＜/iframe＞

1648　＜/body＞

1649　＜/html＞

项目9　JavaScript基础

学习目标

- 掌握 JavaScript 语法规则，能够书写规范的 JavaScript 代码。
- 掌握 JavaScript 顺序、分支、循环结构的程序设计，能够灵活运用。
- 掌握 Array 对象应用，能够熟练使用 Array 的常用属性和方法。
- 掌握 Date 对象应用，能够熟练使用 Date 的常用属性和方法。
- 掌握文档对象类型，能够熟练应用文档对象及节点的常用属性和方法。

9.1　显示卡通图片

9.1.1　案例描述

图片浏览是我们日常生活中常有的操作，我们经常希望把所有的照片全部摆放好，方便快速浏览。本小节将通过 JavaScript 的数据类型、运算符、分支语句及循环语句等模拟一个将所有 jpg 卡通图片显示在页面的效果，其效果如图 9-1 所示。

图 9-1　显示图片效果

9.1.2 知识引入

（1）JavaScript 简介

JavaScript 是 Web 页面中的一种脚本语言，通过 JavaScript 可以将静态页面转变成支持用户交互并响应相应事件的动态页面。在网站建设中，HTML 用于搭建页面结构，CSS 用于设置页面样式，而 JavaScript 则用于为页面添加动态效果。

JavaScript 代码可以嵌入在 HTML 中，也可以创建后缀为 JavaScript 外部文件。通过 JavaScript 可以实现网页中常见的高亮显示、下拉菜单、Tab 选项卡、焦点图轮播、无缝滚动等动态效果。如图 9-1 所示的效果即是通过 JavaScript 实现的，当用户将鼠标移到某一项上时，对应的项目便会高亮显示。

JavaScript 语言的前身是 LiveScript 语言，最初由 Netscape（网景公司）的 Brendan Eich（瑞登·艾克）设计，后来 Netscape 为了营销考虑，与 Sun 微系统达成协议，将其改名为 JavaScript。为了取得技术优势，Microsoft（微软）公司推出了 Jscript，它与 JavaScript 一样，可以在浏览器上运行。考虑到互用性，Ecma 国际创建了 ECMA-262 标准（ECMAScript），目前流行使用的 JavaScript、Jscript 可以认为是 ECMAScript 的扩展。

（2）JavaScript 的引入

在 HTML 文档中引入 JavaScript 有两种方式：一种是在 HTML 文档中直接嵌入 JavaScript 脚本，称为内嵌式；另一种是链接外部 JavaScript 脚本文件，称为外链式。

①内嵌式。在 HTML 文档中，通过<script>标签及其相关属性可以引入 JavaScript 代码。当浏览器读取到<script>标签时就解释执行其中的脚本，其基本语法格式如下：

<script type="text/javascript">

//此处为 JavaScript 代码

</script>

该语法中，type 属性用来指定 HTML 文档引用的脚本语言类型，当 type 属性的值为"text/javascript"时，表示<script></script>元素包含的是 JavaScript 脚本。双斜杠"//"在 JavaScript 中用于定义单行注释，另外，可以使用"/**/"定义多行注释。多行注释以"/*"开始，以"*/"结尾。

<script></script>元素一般放在<head>和</head>之间，称为头脚本；也可以将其放在<body>和</body>之间，称为体脚本。

内嵌式 JavaScript 实例代码如【案例 9-1】所示。

【案例 9-1】

<html>

  <head>

    <meta http-equiv="Content-Type" content="text/html; charset=utf-8" />

```
        <title>内嵌式</title>
    </head>
    <body>
        <script type="text/javascript">
            document. write（"某职业技术学院欢迎你! <br/>"）;
        </script>
    </body>
</html>
```

在 IE 浏览器中运行【案例 9-1】，结果如图 9-2 所示。

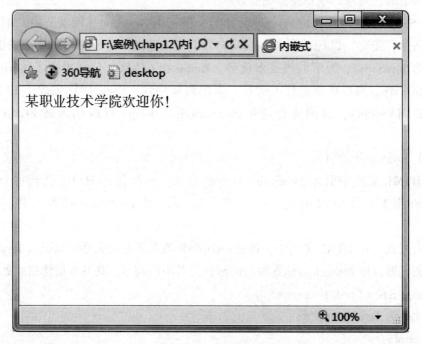

图 9-2　内嵌式案例效果图

②外链式。当脚本代码比较复杂或者同一段代码需要被反复引用时，可以将这些脚本代码放置在一个扩展名为 .js 的文件中，然后通过外链式引入该 js 文件。

在 Web 页面中引入外链式 JavaScript 文件的基本语法格式如下：

`<script type="text/javascript" src="JS 文件的路径"></script>`

（3）关键字

JavaScript 关键字又被称为"保留字"，是指在 JavaScript 语言中被事先定义好并赋予特殊含义的单词。但是，JavaScript 关键字不能作为变量名和函数名使用，否则会使 JavaScript 在载入过程中出现编译错误。JavaScript 常用的关键字如表 9-1 所示。

表 9-1 　　　　　　　　　　　　　　JavaScript 中的基本关键字

break	else	new	var	case
finally	return	void	catch	for
switch	while	continue	function	this
with	default	if	throw	delete
in	try	do	instanceof	typeof
abstract	enum	int	short	boolen
export	interface	static	byte	extends
long	super	char	final	native
synchronized	class	float	package	throws
const	goto	private	transient	public
implements	protected	volatile	double	import

（4）数据类型

JavaScript 的数据类型很多，可以分为两大类：一是基本数据类型；二是特殊数据类型。基本数据类型主要有 3 种，分别是数值型、字符串型和布尔型。特殊数据类型包括 null 类型、undefined 类型和对象等，它们都可以认为是数据类型。

① 基本数据类型。JavaScript 的基本数据类型包括数值型、字符串型和布尔型 3 种。

a. 数值型：数字是最基本的数据类型。JavaScript 和其他程序设计语言的不同之处在于它并不区分整型数值和浮点型数值。在 JavaScript 中，所有数字都是数值型。JavaScript 采用 IEEE754 标准定义 64 位浮点格式表示数字，包括整型数据（使用十进制、十六进制或八进制表示的数值）和浮点型数据（用十进制表示的带有小数部分的数值）。

b. 字符串型：字符串是指用单引号或者双引号括起来的一个或者多个字符。以单引号开头，就要以单引号结尾，以双引号开头就要以双引号结尾，它们必须是成对出现的。

c. 布尔型：也叫逻辑型，它只有 true 和 false 两个值。true 表示逻辑真，false 表示逻辑假。它们通常用于表示一种状态，在 JavaScript 中，是不能使用 1 和 0 来代替 true 和 false 表示状态的。但是当布尔值参与数值计算时，就会将 true 和 false 自动转换为 1 和 0。这是 JavaScript 非常特殊的地方，如【案例 9-2】所示。

【案例 9-2】

```
<html>
    <head>
        <meta http-equiv="Content-Type" content="text/html; charset=utf-8" />
        <title>布尔值的计算</title>
```

185

```
    </head>
    <body>
        <script language="javascript" type="text/javascript">
            document.write("true+1="+(true+1)+"<br/>");
            document.write("+1="+(false+1)+"<br/>");
        </script>
    </body>
</html>
```

在 IE 浏览器中运行【案例 9-2】，结果如图 9-3 所示。

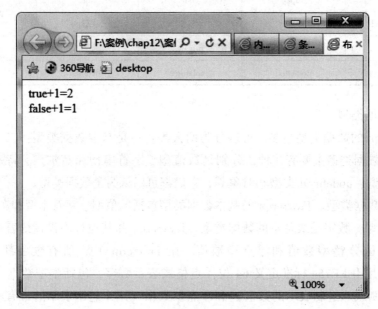

图 9-3　布尔型运算效果图

②特殊数据类型。特殊数据类型不像基本数据类型那样常见，但是在需要时也是必不可少的。第一个是空值型，也就是 null，它表示没有任何值，主要用于指出一个已经创建但没有赋初值的数据，在对对象进行操作时经常会用到空值型。第二个是未定义值，也就是 undefined，它表示变量已定义但未赋初值。它与 null 有本质性的区别，null 型主要用于对象，而 undefined 主要表示变量还没有赋初值，如【案例 9-3】所示。

【案例 9-3】

```
<html>
<head>
<meta http-equiv="Content-Type" content="text/html; charset=utf-8" />
<title>特殊数据类型</title>
</head>
```

```
<body>
    <script language=" javascript" type="text/javascript" >
        var UserName;
        document. write（UserName+" <br/>"）;
    </script>
</body>
</html>
```

在 IE 浏览器中运行【案例 9-3】，结果如图 9-4 所示。

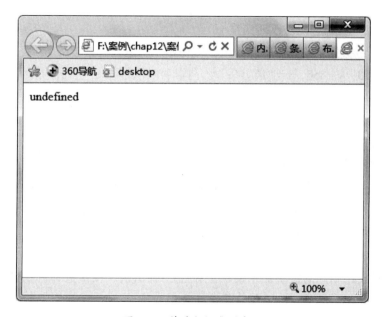

图 9-4　特殊数据类型实例

③数据类型转换。数据类型的转换分为隐式转换和显式转换，其中隐式转换是指程序运行时，系统会根据当前的需要，自动将数据从一种类型转换为另一种类型。而显式类型转换需要借助系统内置的函数完成，如 parseInt、pareseFloat 等。

（5）变量

在程序运行期间随时可能产生一些临时数据，应用程序会将这些数据保存在一些内存单元中。变量就是指程序中一个已经命名的存储单元，它的主要作用就是为数据操作提供存放信息的容器。下面将对变量的命名、声明及赋值进行讲解。

①变量的命名。在编程过程中，经常需要定义一些符号来标记某些名称，如函数名、变量名等，这些符号被称为标识符。在 JavaScript 中，标识符主要用来命名变量和函数。其中，命名变量时需要注意以下几点：

a. 必须以字母或下划线开头，中间可以是字母、数字和下划线。

b. 变量名不能包含空格、加、减等符号。

c. 不能使用 JavaScript 中的关键字作为变量名，如 int 等。

d. JavaScript 的变量名严格区分大小定，如 PassWord 与 password 代表两个不同的变量。

②变量的声明与初始化。JavaScript 中的变量声明是使用 var 关键字来声明的。变量的初始化可以在变量声明的时候给出，具体语法格式如下：

a. var：变量名，在声明变量的同时也可以对变量进行赋值，例如：

var x = 123；// 声明变量 x，同时赋值为 123。

b. 使用一个关键字 var 可以声明多个变量，只需用逗号 "," 分隔变量名即可，例如：

var x，y，z；// 同时声明变量 x，y，z。

c. 可以在声明变量的同时对其赋值，即初始化，例如：

var x = 123，y = 456，z = "张三"；// 同时声明变量 x，y，z，并对其分别进行初始化。

使用 var 语句多次声明同一个变量，如果重复声明的变量已经有一个初始值，那么此时的声明就相当于对变量的重新赋值。

③变量的作用域。变量的作用域是指该变量能被访问或者能起作用的范围。根据变量作用域的不同，变量分为全局变量和局部变量。全局变量是指变量直接定义在 JavaScript 脚本中，即定义在所有函数体外，它的作用范围是整个脚本；局部变量是指变量定义在函数体之内，它的作用范围只是该函数体内。

对于规范的编程来说，全局变量和局部变量不应该有相同的变量名，但是全局变量和局部变量使用相同的变量名从语法上说也没有错误。在函数体内访问变量就是访问局部变量；在函数体外访问变量就是访问全局变量。

注意：JavaScript 采用弱类型的形式，因此可以不理会变量的数据类型，即可把任意类型的数据赋值给变量。

在 JavaScript 中，变量可以先不声明，而是在使用时根据变量的实际作用来确定其所属的数据类型。但是由于 JavaScript 是采用动态编译的，在变量命名方面并不容易发现代码中的错误，所以，建议在使用变量前就对其声明，以便能够及时发现代码中的错误。

（6）JavaScript 运算符

运算符是指在程序中用于计算的一个符号，JavaScript 运算符包括赋值运算符、算术运算符、比较运算符、逻辑运算符和条件运算符等常见运算符。

①算术运算符。它的基本含义是让两个操作数进行加减乘除等运算，常用的算术运算符如表 9-2 所示。

需要特别注意的是除和取余运算符，它们的第二个操作数均不能为零。

②比较运算符。比较运算符用于比较两个操作数，经常在逻辑语句中使用，根据运算结果判断程序下一步走向。常用的比较运算符如表 9-3 所示。

表 9-2　　　　　　　　　　　　　　　　常用的算术运算符

算术运算符	描述
+	加运算符
-	减运算符
*	乘运算符
/	除运算符
%	求模运算符（取余运算符）
++	自增运算符
--	自减运算符

表 9-3　　　　　　　　　　　　　　　　常用的比较运算符

比较运算符	描述
<	小于
>	大于
<=	小于等于
>=	大于等于
==	等于，不比较数据类型
===	完全等于，包括数据类型
! =	不等于，不比较数据类型
! ==	不完全等于，包括数据类型

在字符型数据间也可以使用比较运算符，比较两个字符串时，从第一个字符开始比较，当两个字符串长度相同并且对应位置的字符也一样时，则两个字符串相等。如果有任何一点不相同，则字符串不相等。字符串也可以比较大小，同样从第一个字符开始比较，当发现对应的字符不同时，通过字符编码比较它们的大小。字母的字符编码大小可以看出来，如"A"小于"B"。

对于布尔型数据比较大小，当两个数值同为 true 或同为 false 时，则两个数据相等；如果均不同，则两个数据不相等。

③字符串运算符。字符串运算符主要是"+"，它实现将运算符两边的字符串拼接起来。当字符串运算符两边的操作数一边为数值型数据，一边为字符型数据时，Java Script 会自动将数值型数据转换为字符型数据。

④逻辑运算符。逻辑运算符主要用于操作逻辑型数据，它的每个操作数都是一个逻辑表示式。常见的逻辑运算符如表 9-4 所示。

表 9-4   常见的逻辑运算符

逻辑运算符	描述
&&	逻辑与，只有当两个操作数的值都为 true 时，表达式的结果才为 true，否则表达式的结果为 false
||	逻辑或，只有当两个操作数的值为 false 时，表达式的结果才为 false，否则表达式的结果为 true
!	逻辑非，该运算符是单目运算符，只有一个操作数，使用形式为！A，即对操作数 A 的结果取反，A 为 true 时，表达式结果为 false，A 为 false 时，表达式的结果为 true

⑤赋值运算符。即 "="，它是双目运算符，表示将运算符右边的操作数的值赋给左边的操作数，右边的操作数可以是数值，如 x = 1；也可以是一个已经被赋值的变量，如 x = y。

赋值运算符还可以和算术运算符联合使用，构成复合赋值运算符，如 "a + = b"（相当于 a = a+b）、"a - = b"（相当于 a = a-b）。

⑥条件运算符。条件运算符是 JavaScript 中唯一的三目运算符，即它有 3 个操作数。第一个操作数是一个能返回布尔型数值的表达式，如果该表达式返回结果为 true，则执行第二个操作数；如果该表达式的返回结果为 false，由执行第三个操作数。基本格式为：

操作数 1？操作数 2：操作数 3。

具体应用见【案例 9-4】所示。

【案例 9-4】

```html
<html>
    <head>
        <meta http-equiv="Content-Type" content="text/html; charset=utf-8" />
        <title>条件运算符</title>
    </head>
    <body>
        <script type="text/javascript" >
            var week = 7;
            document. write（week = =7?"今天是星期天":"今天不是星期天"）;
        </script>
    </body>
</html>
```

在 IE 浏览器中运行【案例 9-4】，结果如图 9-5 所示。

⑦运算符的优先级。和数学中的运算符有优先级一样，JavaScript 中的运算符也有

图 9-5　条件运算符应用

明确优先级，优先级较高的运算符将先于优先级较低的运算符进行运算。表 9-5 按从最高到最低的优先级列出 JavaScript 运算符。

表 9-5　　　　　　　　　　　　JavaScript 运算符优先级

运算符	运算方式
.、[ ]、( )、	同级别先左后右
++、--、-、!、delete、new、typeof、void	同级别先右后左
*、/、%	同级别先左后右
+、-	同级别先左后右
<、<=、>、>=	同级别先左后右
==、!=、===、!==	同级别先左后右
&	同级别先左后右
^	同级别先左后右
|	同级别先左后右
&&	同级别先左后右
||	同级别先左后右
?:	同级别先右后左
=	同级别先右后左

　　注意：圆括号可用来改变运算符优先级所决定的求值顺序。这意味着圆括号中的表达式应在其用于表达式的其余部分之前全部被求值。具体应用如【案例 9-5】所示。

【案例 9-5】

```
<html>
<head>
<meta http-equiv="Content-Type" content="text/html; charset=utf-8" />
<title>运算符优先级</title>
</head>
<body>
    <script language="javascript" type="text/javascript">
        var a=1, b=2, c=3, d=4, e;
      e=1!=b||d<=c+1&&a-c;
        document.write ("a=", a,"b=", b,"c=", c,"d=", d);
        document.write ("<br/>e=1!=b||d<=c+1&&a-c 的结果为", e);
    </script>
</body>
</html>
```

在 IE 浏览器中运行【案例 9-5】，结果如图 9-6 所示。

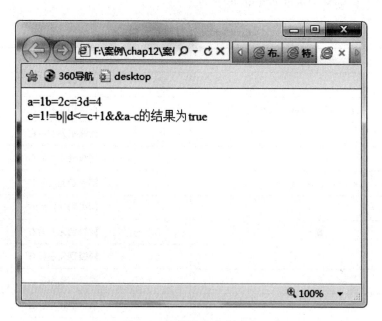

图 9-6　运算符优先级应用

（7）表达式

JavaScript 表达式是一个语句集合，像一个组一样，计算结果是一个单一的值。表达式本身可以很简单，可以是一个变量、一个任意类型的数据或者一个由多个运算符连接起来的式子。

（8）JavaScript 语句结构

JavaScript 的语句一般以分号结束，而 JavaScript 程序由一系列语句构成，在 JavaScript 中，程序的语句是按照一定的顺序来执行的。正常的情况下，程序按照语句的先后顺序来执行。不过，在有些情况下，程序的执行会发生改变。在程序中，根据顺序执行程序的语句叫顺序结构；根据要求指定程序执行某段语句的结构叫条件结构；根据要求指定循环执行某段语句的结构叫循环结构。

①顺序结构。顺序结构是 JavaScript 中最常见的一种结构语句，它按照语句先后顺序执行。

②分支结构。分支结构是根据某个逻辑表达式的结果来选择执行相关的语句，主要包括两类：if 语句和 switch 语句。

a. if 语句。If 语句由关键字 if、逻辑表达式以及位于其后的语句块组成。它根据分支情况分为 if 条件格式、if…else 条件格式、if…else if 条件格式。

➢ if 条件格式

if 条件格式是最简单的条件格式语句，它对某段程序根据条件判断结果选择执行或不执行。语法格式如下：

if（条件表达式）

｛语句体｝

在上面的语法中，根据"条件表达式"计算的结果判断语句体的执行与否，当"条件表达式"的计算结果为 true 时，执行语句体；当"条件表达式"的计算结果为 false 时，不执行语句体。语法流程图如图 9-7 所示。

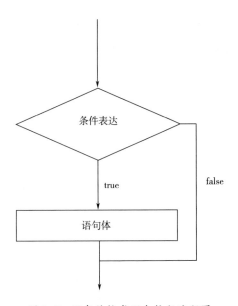

图 9-7　if 条件格式语句执行流程图

在 if 条件格式语句的语句体中，可以根据需要添加多行程序语句，但整个语句体

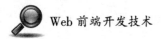

必须用大括号括起来。【案例 9-6】就是运用 if 条件格式的程序代码。

【案例 9-6】

<html>

<head>

<meta http-equiv="Content-Type" content="text/html; charset=utf-8" />

<title>if 条件格式</title>

</head>

<body>

<script type="text/javascript">

  var score=80;//定义存放成绩变量并初始化

  if（score>=60）

//判断成绩如果大于等于 60 分，则执行下面两行语句

   {

   document. write（"你的成绩是:"+score+"<br/>"）;

   document. write（"恭喜你，你合格了!"）;

   }

</script>

</body>

</html>

使用 IE 浏览器运行【案例 9-6】程序，运行结果如图 9-8 所示。

图 9-8　if 条件格式示例运行结果图

194

➢ if…else 条件格式

if 语句格式中仅考虑到成绩大于等于 60 分时的情况，并未考虑到成绩小于 60 分时的情况，而 if…else 条件格式即可以解决这种问题。也就是说当条件为 true 时执行某段语句，当条件为 false 时执行另一段语句。if…else 条件格式的基本形式为：

if（条件表达式）

{语句体 1}

else

{语句体 2}

在上面的语法中，根据"条件表达式"计算的结果选择语句体 1 或语句体 2 进行执行，当"条件表达式"的计算结果为 true 时，执行语句体 1；当"条件表达式"的计算结果为 false 时，执行语句体 2。语法流程图如图 9-9 所示。

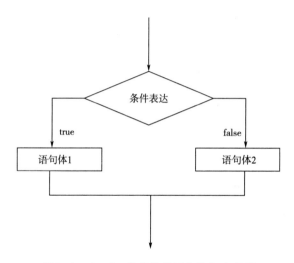

图 9-9　if…else 条件格式语句执行流程图

同样以成绩情况为例。在【案例 9-7】的程序中，需同时考虑有及格和不及格两种情况，代码如下。

【案例 9-7】

```
<html>
    <head>
        <meta http-equiv="Content-Type" content="text/html; charset=utf-8" />
        <title>if……else 条件格式</title>
    </head>
    <body>
        <script type="text/javascript" >
            var score=50;  //定义存放成绩变量并初始化
            if（score>=60）
```

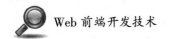

//判断成绩如果大于等于 60 分，则执行 if 与 else 之间的语句，否则执行 else 后面的两行语句

```
        {
            document. write（"你的成绩是:"+score+"<br/>"）;
            document. write（"恭喜你，你合格了!"）;
        }
        else
        {
            document. write（"你的成绩是:"+score+"<br/>"）;
            document. write（"对不起，你需要努力了!"）;
        }
    </script>
    </body>
</html>
```

使用 IE 浏览器运行【案例 9-7】程序，运行结果如图 9-10 所示。

图 9-10   if···else 条件格式示例运行结果图

➢ if···else if 条件格式

在 if···else 条件格式中，只将成绩分成了及格和不及格两个等级，但平时经常会使用优秀、良好、合格、不合格这 4 个等级，这时候就需要使用 if···else if 条件格式了。if···else if 条件格式也可以说是一种简单的 if 嵌套格式，它也称为多向判断条件格式，其基本形式为：

if（条件表达式 1）

｛语句体 1｝

else if（条件表达式 2）

｛语句体 2｝

else if（条件表达式 3）

｛语句体 3｝

……

在多向判断条件格式中，通过 else if 可以对多个条件进行判断，并且根据判断的结果执行相关的语句，语法流程图如图 9-11 所示。

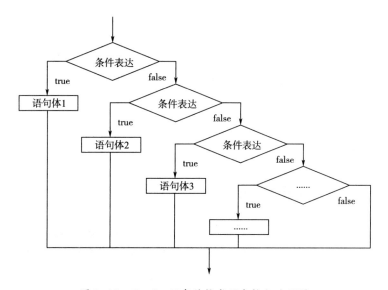

图 9-11　if…else if 条件格式语句执行流程图

了解了多向判断条件格式，下面通过【案例 9-8】熟悉其用法。

【案例 9-8】

```html
<html>
    <head>
        <meta http-equiv="Content-Type" content="text/html; charset=utf-8" />
        <title>多向判断条件格式</title>
    </head>
    <body>
        <script type="text/javascript" >
            var score=83; //定义存放成绩变量并初始化
            document. write（" 你的成绩是:"+score+" <br/>"）;
            if（score>=85）//判断成绩如果大于等于 60 分，则执行下面两行语句
            ｛
```

```
                document. write（"属于优秀!"）;
            }
        else if（score>=75）
            {
                document. write（"属于良好!"）;
            }
        else if（score>=60）
            {
                document. write（"你及格了!"）;
            }
        else
            {
                document. write（"对不起，你没及格，还需要努力!"）;
            }
    </script>
    </body>
</html>
```

使用 IE 浏览器运行【案例 9-8】，运行结果如图 9-12 所示。

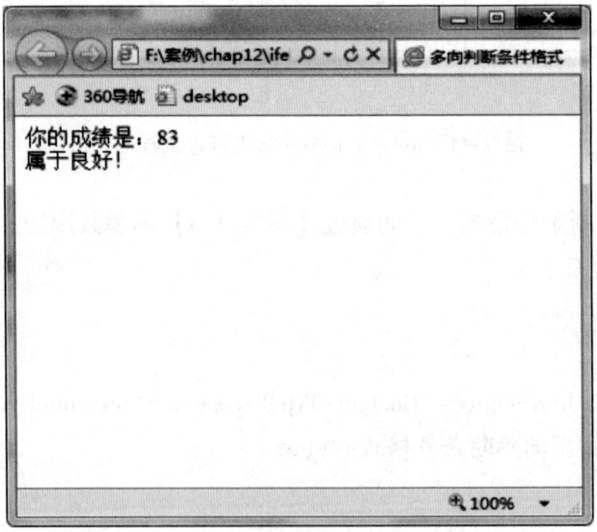

图 9-12 if…else if 条件格式示例运行结果图

b. switch 语句。switch 语句也是 JavaScript 中的一种条件语句，它是典型的多路语句分支语句，其作用与 if 类似，但是比 if 语句更具有可读性和灵活性，它能实现 if 语句不能实现的某些功能。switch 语句是通过表达式直接给出多条路线，选择执行。switch

语句的基本形式为：

```
switch（表达式）
{
    case 值1：
        语句体1
        break；
    case 值2：
        语句体2
        break；
    ……
    default：
        语句体 n+1
        break；
}
```

switch 语句将"表达式"的值与每个 case 中的值进行比较，如果匹配，就执行其对应 case 后面的语句体，如果均不符合，则执行 default 后面的语句体。其中，break 语句的作用是跳出 switch，结束 switch 语句的执行。语法流程图如图 9-13 所示。

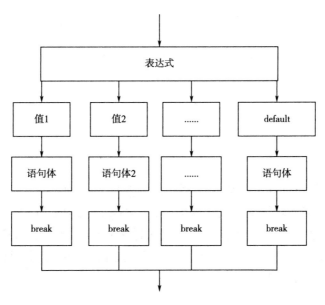

图 9-13　switch 语法流程图

下面通过【案例 9-9】进一步了解 switch 语句的使用，代码如下：

【案例 9-9】

```
<html>
    <head>
```

```
        <meta http-equiv="Content-Type" content="text/html; charset=utf-8" />
        <title>switch 语句格式</title>
    </head>
    <body>
        <script type="text/javascript">
            var color="green"; //定义存放颜色的变量并初始化
            document.write("你选择的颜色是:"+color+" <br/>");
            switch (color) //判断选择文字颜色情况
              {
              case "red":
                  document.write("<h1 style='color: red;'>红色文字</h1>");
                  break;
              case "green":
                  document.write("<h1 style='color: green;'>绿色文字</h1>");
                  break;
              case "yellow":
                  document.write("<h1 style='color: yellow;'>黄色文字</h1>");
                  break;
              default:
                  document.write("<h1 style='color: blue;'>蓝色文字</h1>");
                  break;
              }
        </script>
    </body>
</html>
```

使用 IE 浏览器运行【案例 9-9】，运行结果如图 9-14 所示。

巧用 switch 语句实现特定功能：当程序在 switch 语句中运行时，只有遇到关键字 break 时，程序才会跳出 switch 语句。如果把关键字 break 省略了，程序将继续在 switch 语句中运行，直到整个 switch 语句结束或再次遇到 break 语句。【案例 9-10】即是省略掉关键字 break 的程序代码。

【案例 9-10】

```
<html>
    <head>
        <meta http-equiv="Content-Type" content="text/html; charset=utf-8" />
        <title>switch 语句的灵活运用</title>
    </head>
```

图 9-14 switch 结构运行效果图

```
<body>
    <script type="text/javascript">
        var month=10; //定义存放颜色的变量并初始化
        document. write ("你选择的是:"+month+" 月<br/>");
        switch (month) //判断选择月份
          {
          case 1:
          case 2:
          case 3:
             document. write ("属于第一季度");
             break;
          case 4:
          case 5:
          case 6:
             document. write ("属于第二季度");
             break;
          case 7:
          case 8:
          case 9:
```

```
            document. write（"属于第三季度"）；
            break；
        case 10：
        case 11：
        case 12：
            document. write（"属于第四季度"）；
            break；
        }
    </script>
    </body>
</html>
```

使用 IE 浏览器运行【案例 9-10】，运行结果如图 9-15 所示。

图 9-15　switch 灵活运用效果图

　　③循环结构。在 JavaScript 中，当需要重复执行同一语句块时，就可以使用循环结构语句。在通常情况下，对循环结构语句都会指定循环的条件或次数，不能让循环无限制地执行。在 JavaScript 中，有 4 种循环结构语句，分别是：for 循环结构、for-in 循环结构（此种结构在数组章节介绍）、while 循环结构和 do-while 循环结构。

　　a. for 循环结构。for 循环结构是一个功能强大且形式灵活的循环结构语句，一般用于循环次数已知的情况，其语法格式为：

for（语句 1；循环条件；语句 2）

｛循环体｝

　　首先程序执行语句 1，然后执行循环条件，如果符合则执行循环体。再执行语句 2，然后又执行循环条件，如果符合则反复，如果不符合则跳出循环，其语法流程图如图 9-16 所示。

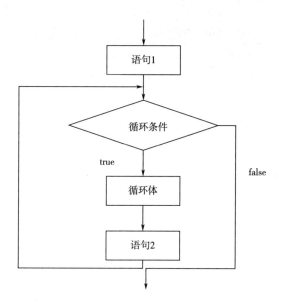

图 9-16　for 循环结构程序流程图

　　了解了 for 循环结构语句的基本语法和程序流程, 下面【案例 9-11】利用 for 循环结构求 100 以内 (含 100) 所有偶数和, 具体代码如下。

【案例 9-11】

```html
<html>
    <head>
        <meta http-equiv="Content-Type" content="text/html; charset=utf-8" />
        <title>for 循环语句</title>
    </head>
    <body>
        <script type="text/javascript">
            var sum=0; //定义存放累加求和的变量
          for (var i=2; i<=100; i+=2)
            {
            sum=sum+i;
            }
            document. write ("100 以内 (含 100) 所有偶数和为:"+sum);
        </script>
    </body>
</html>
```

使用 IE 浏览器运行【案例 9-11】, 运行结果如图 9-17 所示。

b. while 循环结构。此种结构用于不知道循环体需要重复执行多少次, 只知道循环

图 9-17　for 循环结构案例效果图

体在某种条件下需要反复执行的情况，其基本语法格式如下：

　　while（循环条件）

　　{循环体}

　　当循环条件符合时执行循环体，反之不执行循环体，其语法流程如图 9-18 所示。

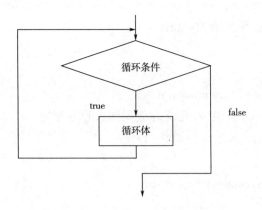

图 9-18　while 循环结构程序流程图

为了解 while 循环结构，通过【案例 9-12】演示其具体用法，代码如下：

【案例 9-12】

```
<html>
    <head>
        <meta http-equiv="Content-Type" content="text/html; charset=utf-8" />
```

```
        <title>while 循环语句</title>
    </head>
    <body>
      <script type="text/javascript">
        var sum=0；//定义初始化变量，用于统计是否录取满人数
            var score=prompt（" 请输入您的高考成绩:"，500）；//定义高考成
绩变量并输入成绩
        while（sum<5）//判断人数是否录取满
          {
          score=prompt（"请输入您的高考成绩:"，400）；//输入高考成绩
          document.write（"您的高考成绩是:"+score+"分<br/>"）；
          if（score>=500）
            {
            sum=sum+1；
            document.write（"欢迎来到某职业技术学院<br/>"）；
            }
          else
            {
            document.write（"成绩不足 500 分，未被录取<br/>"）；
            }
          }
      </script>
    </body>
</html>
```

使用 IE 浏览器运行【案例 9-12】，运行结果如图 9-19 所示。

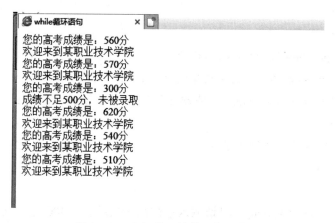

图 9-19　while 循环结构运行效果图

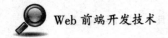

c. do-while 循环结构。do-while 循环结构同 while 循环语句类似，也是通过条件判断来控制循环执行与否，唯一的区别在于 while 循环语句是先判断条件再决定循环体执行与否，而 do-while 循环语句是先执行一次循环体后再判断条件是否符合，符合继续执行循环体，不符合跳出循环。其语法格式如下：

do {

循环体

} while （循环条件）；

其循环程序流程图如图 9-20 所示。

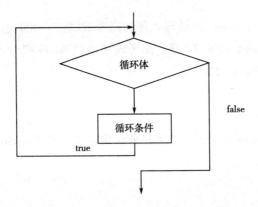

图 9-20　do-while 循环结构程序流程图

【案例 9-13】演示 do-while 循环结构具体的用法，代码如下：

【案例 9-13】

```html
<html>
    <head>
        <meta http-equiv="Content-Type" content="text/html; charset=utf-8" />
        <title>do-while 循环语句</title>
    </head>
    <body>
      <script type="text/javascript" >
          var sum=5; //定义初始化变量，用于统计是否录取满人数
          var score=prompt（"请输入您的高考成绩:"，500）；//定义高考成绩
变量并输入成绩
          //判断人数是否录取满
          do
           {
            score=prompt（"请输入您的高考成绩:"，400）；//输入高考成绩
            document. write（"您的高考成绩是:" +score+" 分<br/>" ）；
```

```
        if（score>=500）
          {
            sum=sum+1；
            document. write（"欢迎来到某职业技术学院<br/>"）；
          }
        else
          {
            document. write（"成绩不足 500 分，未被录取<br/>"）；
          }
      } while（sum<5）
      document. write（"某职业技术学院今年录取人数为:" +sum+" 人<br/>"）；
    </script>
  </body>
</html>
```

使用 IE 浏览器运行【案例 9-13】，运行结果如图 9-21 所示。

<figure>
do-while循环语句　　　×

您的高考成绩是：400分
成绩不足500分，未被录取
某职业技术学院今年录取人数为：5人
</figure>

图 9-21　do-while 循环结构运行效果图

d. 跳转语句。在循环语句中有两个比较常用的跳转语句，通过它们可以提前退出循环或者跳过循环体中某些语句，它们是 break 语句和 continue 语句。break 语句表示终止循环语句的执行并退出循环；continue 语句表示终止本次循环，不再执行循环中 continue 后面的语句，且重新开始执行新一轮循环。

9.1.3　案例实现

（1）案例分析

观察效果图 9-1，不难发现该图片显示页面结构较简单，主要由层和图片标签组成，图片标签由 JavaScript 代码动态实现。

（2）案例实现

①页面制作。根据分析，使用相应的 HTML 标记来搭建网页结构，如【案例 9-14】所示。

【案例 9-14】

```html
<html>
    <head>
        <meta http-equiv="Content-Type" content="text/html; charset=utf-8" />
        <title>显示卡通图片</title>
    </head>
    <body>
        <div class="box">
        </div>
    </body>
</html>
```

②CSS 样式实现。搭建完页面结构后，接下来通过 CSS 对页面样式进行修饰。具体代码如下：

```css
*  {margin: 0; padding: 0}
.box
{
    width: 856px;
    margin: 0 auto;
}
.box img
{
    width: 200px;
    height: 200px;
    border: #333 solid 2px;
    padding: 5px;
}
```

③JS 效果实现。制作完页面的结构和 CSS 样式后，接下来通过 JavaScript 控制卡通图片的输出。具体代码如下：

```javascript
for (var i=1; i<=20; i++)    //循环 20 次
{
    document.write("<img src='image/kt"+i+".jpg'/>");  //打印卡通图片
    if (i%4==0) //如果能被 4 整除说明应该换行
    {
        document.write("<br/>");
    }
}
```

9.2　下拉菜单

9.2.1　案例描述

在浏览网站时，经常会看到一些下拉菜单效果。下拉菜单不仅可以使网站结构清晰，而且可以方便用户查找相关页面内容。本节将制作类似某职业技术学院首页的下拉菜单，其效果如图 9-22 所示。

图 9-22　下拉菜单效果图

9.2.2　知识引入

（1）函数

函数是为了实现特定功能或执行一项任务而定义的语句块。函数的出现在很大程度上降低了程序的复杂性，使程序更加简洁且容易理解。JavaScript 中有两种函数形式：一种是预定义函数，它是由 JavaScript 语言预先定义的，开发员可以直接使用；另一种是自定义函数。

①预定义函数。

a. alert 函数。alert 函数主要用于弹出警示对话框，通常用于对用户进行提示，其语法格式如下：

alert（提示信息）；

如 alert（"密码错误，请重新输入！"）；

b. prompt 函数。prompt 函数用于显示和提示用户输入信息，并接收用户输入内容，其语法格式如下：

prompt（提示信息，初始值）；

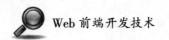

如 prompt（"请输入学校名称","某职业技术学院"）；

c. eval 函数。eval 函数是把字符串当作表达式，并计算出该表达式的值。该表达式可以是一个数，也可以是一个运算表达式，其语法格式如下：

eval（表达式）；

如：eval（"1+2+3"）；

d. isNaN 函数。isNaN 函数是用来判断参数所表示的变量是否为非数字。如果是，则函数返回值为 true，如果不是，则函数返回值为 false，其语法格式如下：

isNaN（参数）；

如 isNaN（a）；

语法说明：如果 a 变量的值为数字 123，则其执行返回值为 false；如果 a 变量的值为字符张三，则其执行返回值为 true。

e. parseInt 函数。parseInt 函数用于将字符串转换整数，其语法格式如下：

parseInt（参数）；

如 parseInt（12.8）；

其运行结果为 12。

②自定义函数。虽然 JavaScript 中有很多预定义函数，但它们还远远不能满足需求，通常需要自己来定义函数。自定义函数的使用大大降低了程序的复杂度，它将一个复杂的程序分为许多语句块，在每个语句块中实现特定的功能。使用自定义函数使程序简洁、清晰，容易读懂，且能为后续程序的维护带来很多好处。

a. 函数定义。函数定义的语法格式如下所示：

function 函数名（［参数 1，参数 2，……］）

｛

函数体

［return 表达式；］

｝

语法说明：

➢ 函数名的定义与变量定义类似，由用户根据函数的功能取名。

➢ 参数用以接收函数调用时传递的数据。

➢ return 表达式；可有可无，当函数调用后有返回值时才需要。

b. 函数调用。函数定义后并不会自动执行，必须在需要使用的时候才调用函数。函数的调用非常简单，只需引用函数名，并传入相应的参数即可。函数调用的语法格式如下：

函数名（［参数 1，参数 2，……］）；

通过【案例 9-15】演示函数的定义及函数调用，具体代码如下：

【案例 9-15】

<html>

```
<head>
    <meta http-equiv="Content-Type" content="text/html; charset=utf-8" />
    <title>函数定义及调用</title>
    <script type="text/javascript">
        function add（x，y）//函数定义
        {
            var sum=0;
            sum=x+y;
            return sum; //返回值
        }
    </script>
</head>
<body>
    <script type="text/javascript">
        var a=10，b=20;
        var sum=add（a，b）; //函数调用完成初始化
        document.write（" a+b=" +sum+" <br/>" );
    </script>
</body>
</html>
```

使用 IE 浏览器运行【案例9-15】，运行结果如图9-23所示。

图 9-23　函数定义及调用效果图

c. 函数中变量的作用域。变量需要先定义后使用，但这并不意味着定义变量后就可以随时使用。变量是有相应的作用域范围的。变量的作用域取决于这个变量是哪一种变量，在 JavaScript 中，变量一般分为全局变量和局部变量两种，全局变量指定义在所有函数体外的变量，作用于整个程序；局部变量是指定义在函数体中的变量，仅在定义它的函数体内有效。在上面实例中，变量 sum 就是局部变量，仅在函数 add 中有效，而变量 a 和 b 就是全局变量，在整个程序中都有效。如果将上面 add 函数定义更改为如下代码：

```
function add( ) //函数定义
{
    var sum = 0;
    sum = a+b;
    return sum; //返回值
}
```

将函数调用语句更改为 var sum = add( );，结果一样。

（2）常见对象

对象就是客观世界中具体存在的事物，例如桌子、水、书本等。在 JavaScript 中，对象是用于表示复杂数据类型的一种方式，它把数据与作用于数据的函数联系起来，对象的数据就是它的属性。属性主要是指对象内部所包含的一些自己的特征，而方法则是表示对象可以具有的行为。

①Array 对象。Array 对象提供对创建任何数据类型的数组的支持。数组是一种具有相同类型数据的集合，它的每一个数据称为数组的一个元素。数组实际上代表内存中一串连续的存储单元，可将多个数组元素按一定顺序存放，可以通过数组的名称和下标访问数组的元素。

a. 创建 Array 对象。在 JavaScript 中，通过 new 运算符和相应的数组构造函数完成 Array 对象的创建，数组的构造函数是 Array( )，其语法格式如下：

var 数组名 = new Array( ); //创建一个数组长度为 0 的数组对象

var 数组名 = new Array（n）; //创建一个数组长度为 n 的数组对象

var 数组名 = new Array（"张三","李四","王五"）; //创建一个数组长度为 3（个）的数组对象，同时为每个元素赋初值。

可以看到，在创建数组时，并未指定数组的数据类型。实际上，与其他语言中数组只能存储具有相同数据类型的值不同，JavaScript 允许在一个数组中存储任何类型的值，也就是说，一个数组中的每个元素可以是不同类型。

b. 访问数组元素。数组元素通过下标访问，下标放在方括号中。数组下标从零开始计数，而且必须为整数。如果在创建数组时未给数组元素赋值，可以使用赋值语句给数组元素赋值。例如下面的语句定义了一个数组：

var student = new Array（"张三","男", 17, 175）;

以上语句定义了一个名为 student 的数组，该数组具有 4 个元素，student ［0］的值为"张三"，student ［1］的值为"男"，student ［2］的值为 17，student ［3］的值为 175。

数组的使用一般配合循环语句进行，除了前面介绍的循环外，JavaScript 中使用 for…in 语句对数组的处理更为简单，for…in 语句的语法格式为：

for（变量 in 语句）

｛循环体｝

在上述语法格式中，变量将辨认数组中的每个索引。如果变量值是一个有效的下标索引，就会执行下一步，否则退出循环。【案例 9-16】代码如下：

【案例 9-16】

```html
<html>
    <head>
        <meta http-equiv="Content-Type" content="text/html; charset=utf-8" />
        <title>for…in 循环语句</title>
    </head>
    <body>
      <script type="text/javascript">
          var i;
           var student=new Array（"张三","男", 17, 175）;
          for（i in student）
            {
            document.write（student［i］+"<br/>"）;
            }
      </script>
    </body>
</html>
```

使用 IE 浏览器运行【案例 9-16】，运行结果如图 9-24 所示。

c. Array 对象常用属性和方法。数组是一组有序排列的数据的集合，其常用的属性和方法如表 9-6 所示。

表 9-6　　　　　　　　　　　　　Array 对象常用属性和方法

属性/方法名	描述
length	该属性返回数组元素的个数。如果在创建数组时指定了数组的长度，即使数组中还未存储数据时，该属性值都是这个指定的长度值；但如果数组中存储的元素个数超过了定义时的长度，则该属性的值为实际数组元素的个数
toString()	该方法返回一个字符串，该字符串包括数组中所有的元素，各元素之间用逗号隔开

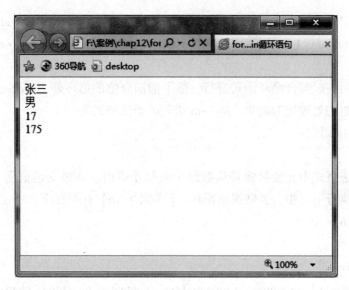

图 9-24 for-in 循环使用效果图

②Date 对象。Date 对象用于处理日期和时间，可以用来帮助网页制作人员提取日期和时间的某一部分及定义日期和时间的格式等。在 JavaScript 中，Date 对象需要首先使用 new 关键字和内置的 Date() 构造函数创建 Date 对象的实例。Date 对象有 3 种常用的创建方式，其语法格式如下：

var 变量名=new Date()；//创建一个新的 Date 对象，其值为创建对象时计算机上的日期时间。

var 变量名=new Date（年，月，日）；//创建一个指定初始日期值的新 Date 对象，其时间为 0。

var 变量名=new Date（年，月，日，时，分，秒)；//创建一个指定日期和时间的 Date 对象。

Date 常用的属性和方法如表 9-7 所示。

表 9-7 Date 常用的属性和方法

属性/方法名	描述
getDate()	从 Date 对象返回一个月中的某一天（1~31）
getDay()	从 Date 对象返回一周中的某一天（0~6）
getMonth()	从 Date 对象返回月份（0~11）
getFullYear()	从 Date 对象以四位数字返回年份
getYear()	请使用 getFullYear() 方法代替
getHours()	返回 Date 对象的小时（0~23）
getMinutes()	返回 Date 对象的分钟（0~59）

续表

属性/方法名	描述
getSeconds( )	返回 Date 对象的秒数（0~59）
getMilliseconds( )	返回 Date 对象的毫秒（0~999）
getTime( )	返回 1970 年 1 月 1 日至今的毫秒数
getTimezoneOffset( )	返回本地时间与格林威治标准时间（GMT）的分钟差
getUTCDate( )	根据世界时从 Date 对象返回月中的一天（1~31）
getUTCDay( )	根据世界时从 Date 对象返回周中的一天（0~6）
getUTCMonth( )	根据世界时从 Date 对象返回月份（0~11）
getUTCFullYear( )	根据世界时从 Date 对象返回四位数的年份
getUTCHours( )	根据世界时返回 Date 对象的小时（0~23）
getUTCMinutes( )	根据世界时返回 Date 对象的分钟（0~59）
getUTCSeconds( )	根据世界时返回 Date 对象的秒钟（0~59）
getUTCMilliseconds( )	根据世界时返回 Date 对象的毫秒（0~999）
parse( )	返回 1970 年 1 月 1 日午夜到指定日期（字符串）的毫秒数
setDate( )	设置 Date 对象中月的某一天（1~31）
setMonth( )	设置 Date 对象中月份（0~11）
setFullYear( )	设置 Date 对象中的年份（四位数字）
setYear( )	请使用 setFullYear( ) 方法代替
setHours( )	设置 Date 对象中的小时（0~23）
setMinutes( )	设置 Date 对象中的分钟（0~59）
setSeconds( )	设置 Date 对象中的秒钟（0~59）
setMilliseconds( )	设置 Date 对象中的毫秒（0~999）
setTime( )	以毫秒设置 Date 对象
setUTCDate( )	根据世界时设置 Date 对象中月份的一天（1~31）
setUTCMonth( )	根据世界时设置 Date 对象中的月份（0~11）
setUTCFullYear( )	根据世界时设置 Date 对象中的年份（四位数字）
setUTCHours( )	根据世界时设置 Date 对象中的小时（0~23）
setUTCMinutes( )	根据世界时设置 Date 对象中的分钟（0~59）
setUTCSeconds( )	根据世界时设置 Date 对象中的秒钟（0~59）
setUTCMilliseconds( )	根据世界时设置 Date 对象中的毫秒（0~999）

续表

属性/方法名	描述
toSource( )	返回该对象的源代码
toString( )	把 Date 对象转换为字符串
toTimeString( )	把 Date 对象的时间部分转换为字符串
toDateString( )	把 Date 对象的日期部分转换为字符串
toGMTString( )	请使用 toUTCString( ) 方法代替
toUTCString( )	根据世界时，把 Date 对象转换为字符串
toLocaleString( )	根据本地时间格式，把 Date 对象转换为字符串
toLocaleTimeString( )	根据本地时间格式，把 Date 对象的时间部分转换为字符串
toLocaleDateString( )	根据本地时间格式，把 Date 对象的日期部分转换为字符串

日期时间对象的应用如【案例 9-17】所示。

【案例 9-17】

```html
<html>
<head>
<meta http-equiv="Content-Type" content="text/html; charset=utf-8" />
<title>日期时间对象</title>
</head>
<body>
    <script type="text/javascript">
        //获取月、日、年、时、分、秒、星期数
        var today=new Date();
        var year=today.getFullYear();
        var month=today.getMonth()+1;
        var day=today.getDate();
        var hour=today.getHours();
        var minute=today.getMinutes();
        var second=today.getSeconds();
        var week=today.getDay();
        var weekS;
        //将星期的数字变为汉字
        switch(week)
        {
            case 0：weekS="星期日"；break；
```

```
            case 1：weekS="星期一"；break；
            case 2：weekS="星期二"；break；
            case 3：weekS="星期三"；break；
            case 4：weekS="星期四"；break；
            case 5：weekS="星期五"；break；
            case 6：weekS="星期六"；break；
        }
        //将月、日、时、分、秒不足两位补足两位
        if（month<10）month="0"+month；
        if（day<10）day="0"+day；
        if（hour<10）hour="0"+hour；
        if（minute<10）minute="0"+minute；
        if（second<10）second="0"+second；
        //用汉字等形式拼接日期
        var dateS=year+"年"+month+"月"+day+"日 "+weekS+"<br/>"+hour
+"："+minute+"："+second；
        document.write（dateS）；//输出日期时间
    </script>
</body>
</html>
```

使用 IE 浏览器运行【案例 9-17】，运行结果如图 9-25 所示。

③文档对象。文档对象模型即 Document Object Model，简称 DOM，直接对应 HTML 文档，如之前用过的 document.write() 方法。

document 对象是 window 对象（见项目 10）的一个下级对象，主要包括 HTML 文档中<body></body>内的内容，即 HTML 文档的 body 元素被载入时，才创建 document 对象。所以在<head></head>部分编写 JavaScript 程序时，程序顶层编写的语句是无法访问 DOM 中的对象的。document 对象常用的属性和方法如表 9-8 所示。

表 9-8　　　　　　　　　　　document 对象常用的属性和方法

属性/方法名	描述
bgColor	设置页面背景色
fgColor	设置前景色（文本颜色）
getElementById()	返回对拥有指定 id 的第一个对象的引用
getElementByName()	返回带有指定名称的对象的集合
getElementByTagName()	返回带有标签名的对象的集合
write()	向文档写文本、HTML 表达式或 JavaScript 代码

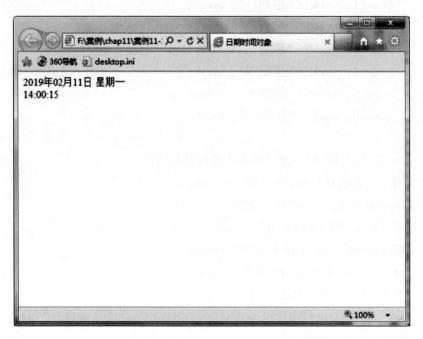

图 9-25   日期时间对象应用效果图

引用完页面元素后，得到页面元素的元素对象，元素对象的常用属性和方法如表 9-9 所示。

表 9-9   元素对象的常用属性和方法

属性/方法名	描述
innerHTML	设置或者返回元素的内容，可包含节点中的子标签以及内容
className	设置或者返回元素的类名
clientHeight	返回内容的可视高度（不包括边框，边距或滚动条）
clientWidth	返回内容的可视宽度（不包括边框，边距或滚动条）
offsetHeight/offsetWidth	返回元素的高度/宽度（不含滚动条）
offsetLeft/offsetTop	相对于父元素的左偏移/上偏移
scrollHeight/scrollWidth	返回整个元素的高度/宽度（含滚动条）
scrollLeft/scrollTop	返回当前视图中的实际元素的左边缘和左边缘之间的距离/上边缘的距离（当 overflow 设置为 hidden、auto、scroll 时有效）
style	设置或返回元素的样式属性
getAttribute( )	获得元素指定属性的值
setAttribute( )	为元素设置新的属性
removeAttribute( )	删除元素指定的属性

【案例9-18】演示文档对象操作，示例如下：

【案例9-18】

```html
<html>
<head>
<meta http-equiv="Content-Type" content="text/html;charset=utf-8" />
<title>文档操作</title>
<script type="text/javascript">
    function change()
     {
        var sel=document.getElementById("elect");
        switch(sel.value)
         {
           case"风景1":
document.getElementById("img").style.background="url('image/110-
1.jpg')";
            break;
           case"风景2":
document.getElementById("img").style.background="url('image/110-
2.jpg')";
            break;
           case"风景3":
document.getElementById("img").style.background="url('image/110-
3.jpg')";
            break;
           case"风景4":
document.getElementById("img").style.background="url('image/110-
4.jpg')";
            break;
           case"风景5":
document.getElementById("img").style.background="url('image/110-
5.jpg')";
            break;
           case"风景6":
document.getElementById("img").style.background="url('image/110-
6.jpg')";
            break;
```

```
            case "风景7":
        document. getElementById （" img"） . style. background = " url （' image/110 -
7. jpg'） " ;
                break ;
            case "风景8":
        document. getElementById （" img"） . style. background = " url （' image/110 -
8. jpg'） " ;
                break ;
            case "风景9":
        document. getElementById （" img"） . style. background = " url （' image/110 -
9. jpg'） " ;
                break ;
            default :
        document. getElementById （" img"） . style. background = " url （' image/110 -
10. jpg'） " ;
                break ;
            }
        }
    </script>
    </head>
        <body>
        选择风景图： <select name = " select" id = " select" onchange = " change（）;" >
        <option>风景1</option>
        <option>风景2</option>
        <option>风景3</option>
        <option>风景4</option>
        <option>风景5</option>
        <option>风景6</option>
        <option>风景7</option>
        <option>风景8</option>
        <option>风景9</option>
        <option>风景10</option>
        </select>
        <br/>
        < div id = " img" style = " width： 820px； height： 461px； background - image： url
（image/110-1. jpg） " ></div>
```

　　　　　　</body>

</html>

使用 IE 浏览器运行【案例 9-18】，运行结果如图 9-26 所示。

图 9-26　文档对象效果图

9.2.3　案例实现

（1）案例分析

需要实现图 9-22 所示下拉菜单效果，可以通过列表实现，下拉列表标签由 JavaScript 代码动态实现。

（2）案例实现

①页面实现。

<html>

<head>

<meta http-equiv="Content-Type" content="text/html; charset=utf-8" />

<title>下拉菜单</title>

<link rel="stylesheet" type="text/css" href="css/demo6-2.css" />

<script type="text/javascript" src="javascript/demo6-2.js" ></script>

</head>

<body>

　　　<div id="top" >

　　　</div>

　　　<div id="navigation" >

```
        <ul id="sub_1">
                <li id="nav1" class="current">学院首页
                </li>
                <li id="nav2" onmouseover="show()" onmouseout="hidden
()">学校概况
                        <div id="sub_2">
                                <span>学校介绍<br/></span>
                                <span>办学理念<br/></span>
                                <span>机构设置<br/></span>
                                <span>历史沿革<br/></span>
                                <span>校园相册<br/></span>
                                <span>学校地图<br/></span>
                                <span>新闻中心<br/></span>
                        </div>
                </li>
                <li>系部设置</li>
                <li>教学管理</li>
                <li>招生就业</li>
                <li>科技服务</li>
                <li>学生工作</li>
                <li>继续教育</li>
                <li>师资队伍</li>
                <li>其他部门</li>
                <li>信息服务</li>
                <li>图书馆</li>
        </ul>
    </div>
</body>
</html>
```

②CSS 样式实现。

```
@charset "utf-8";
/* CSS Document */
*
{
    margin: 0 auto;
    padding: 0;
```

```
}
#top
{
    background-image: url (../image/banner.jpg);
    width: 1000px;
    height: 266px;
}
#navigation
{
    width: 1000px;
    height: 40px;
    line-height: 40px;
    background-image: url (../image/bar.png);
    position: relative;
    text-align: center;
}
#navigation ul
{
    list-style: none;
}
li
{
    display: inline-block;
    width: 78px;
    cursor: pointer;
    color: #FFF;
    font-weight: bold;
}
#sub_ 2
{
    display: none;
    width: 80px;
    height: 300px;
    position: absolute;
    cursor: pointer;
    color: #FFF;
```

```
        font-weight：bold；
        background-color：#CCC；
    }
    .current
    {
        color：#933；
        background-color：#CCC；
    }
```

③JavaScript 实现。

```
// JavaScript Document
function show()
{
    var div=document.getElementById（"sub_2"）;
    var nav=document.getElementById（"nav2"）;
    var nav2=document.getElementById（"nav1"）;
    nav2.className="";
    nav.className="current";
    div.style.display="block";
}
function hidden()
{
    var div=document.getElementById（"sub_2"）;
    var nav=document.getElementById（"nav2"）;
    nav.className="";
    div.style.display="none"
```

项目10 JavaScript事件处理

JavaScript 事件响应编程是编程的方式，HTML 文档载入是根据载入的顺序同步解析 HTML 代码并显示，而 JavaScript 程序很少这样。为了保持 HTML 代码的格式，使程序和 HTML 标签及内容尽量分离，JavaScript 一般提倡写在头部信息区。而头部信息区并没有载入 body 元素的内容，所以 JavaScript 程序无法访问 DOM。为解决这一问题，本章将从什么是事件、常见的事件有什么、事件该如何调用等方面进行讲解。

10.1 限时秒杀

10.1.1 案例描述

限时秒杀是商家在规定时间内的一种促销活动，消费者只要在这个时间里便可以享受到以超低价格购买到活动商品。作为一种有效的促销手段，限时秒杀已经被越来越多的电商网站甚至是实体店采用。本项目将带领大家制作一款模仿京东限时秒杀的页面，其效果如图 10-1 所示。

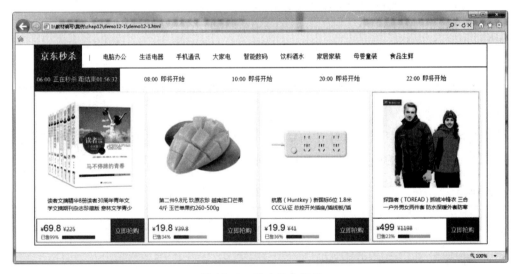

图 10-1 限时秒杀页面

10.1.2 知识引入

（1）JavaScript 事件

JavaScript 使用 HTML 最具有动态特性的重要特征是使用事件，事件是文档或者浏览器窗口中发生的特定的交互瞬间，是用户或浏览器自身执行的某种动作，是 JavaScript 和 DOM 之间交互的桥梁。使用事件可以使用户和 Web 页面之间进行交互。事件通常与函数配合使用，事件若触发，即事件发生，程序便调用它的关联函数执行相应的 JavaScript 代码。

（2）事件处理程序的调用

一般来说，网页载入后会发生多种事件，用户在操作页面元素时也会发生很多事件，触发事件后执行一定的程序就是 JavaScript 事件响应编程的常用模式。只有触发事件才执行的程序被称为事件处理程序，一般调用自定义函数实现。事件处理程序的调用一般有两种方法：一种是在 HTML 中调用，格式为：<html 标签 事件触发 = "JavaScript 代码或者函数" >，如：<ul onmouseover = "mouseover( );" >；另一种是在 JavaScript 程序中调用，格式为：对象 . 事件 = JavaScript 代码或者函数，如：btn. onclick = add( )。

（3）window 事件

window 对象代表整个浏览器窗口，窗口对象常用事件如表 10-1 所示。

表 10-1 窗口对象常用事件

事件名	描述
onblur	当窗口失去了焦点时调用的事件处理器
onfocus	当窗口获得焦点时调用的事件处理器
load	当浏览器完成一个窗口或一组帧的装载之后调用的事件处理器
onload	文档完全被装载时调用的事件处理器
onunload	浏览器遗弃了当前文档或框架集时调用的事件处理器
onmove	移动窗口时调用的事件处理器
onresize	当改变窗口大小时调用的事件处理器

（4）鼠标事件

鼠标事件是通过鼠标动作触发的事件，比如单击鼠标、移动鼠标等，均可触发一系列鼠标事件，常用的鼠标事件如表 10-2 所示。

表 10-2 鼠标常用事件

事件名	描述
onclick	当单击鼠标时触发，可以用于任何元素
ondblclick	当双击鼠标时触发
onmouseover	当鼠标移上时触发
onmouseout	当鼠标离开时触发
onmousedown	当鼠标按下时触发
onmouseup	当鼠标弹起时触发
onmousemove	当鼠标移动时触发

当鼠标移到栏目上时，鼠标指针变为手形，同时高亮显示，鼠标移开后恢复原状。
代码如【案例 10-1】所示。

【案例 10-1】事件触发操作

```html
<html>
    <head>
        <meta http-equiv="Content-Type" content="text/html; charset=utf-8" />
        <title>事件触发操作</title>
        <style type="text/css">
        div
          {
            width：600px；
            margin：0 auto；
            border：#999 solid 2px；
          }
        table tr td
          {
            text-align：center；
            width：600px；
            border：#999 solid 2px；
          }
        </style>
        <script type="text/javascript">
        function changeLine（obj，flag）
          {
            var trele=document.getElementById（obj）；
            if（flag=="over"）
              {
                trele.style.cursor=" pointer"；
                trele.style.backgroundColor=" #0f0"；
              }
            else
                trele.style.backgroundColor=" "；
          }
        </script>
    </head>
    <body>
```

```
<div>
    某职业技术学院系部列表：
    <table>
        < tr  id = " tr1 "  onmouseover = " changeLine（' tr1 ',' over ') "
onmouseout = " changeLine（'tr1', 'out') "  >
        <td>建筑工程系</td>
        </tr>
        < tr  id = " tr2 "  onmouseover = " changeLine（' tr2 ',' over ') "
onmouseout = " changeLine（'tr2', 'out') "  >
            <td>电子信息与控制工程系</td>
        </tr>
        < tr  id = " tr3 "  onmouseover = " changeLine（' tr3 ',' over ') "
onmouseout = " changeLine（'tr3', 'out') "  >
            <td>现代制造工程系</td>
        </tr>
        < tr  id = " tr4 "  onmouseover = " changeLine（' tr4 ',' over ') "
onmouseout = " changeLine（'tr4', 'out') "  >
            <td>五粮液技术学院</td>
        </tr>
        < tr  id = " tr5 "  onmouseover = " changeLine（' tr5 ',' over ') "
onmouseout = " changeLine（'tr5', 'out') "  >
            <td>生物与化工工程系</td>
        </tr>
        < tr  id = " tr6 "  onmouseover = " changeLine（' tr6 ',' over ') "
onmouseout = " changeLine（'tr6', 'out') "  >
            <td>经济贸易管理系</td>
        </tr>
        < tr  id = " tr7 "  onmouseover = " changeLine（' tr7 ',' over ') "
onmouseout = " changeLine（'tr7', 'out') "  >
            <td>人文社会科学系</td>
        </tr>
    </table>
    </div>
</body>
</html>
```

使用 IE 浏览器运行【案例 10-1】，运行结果如图 10-2 所示。

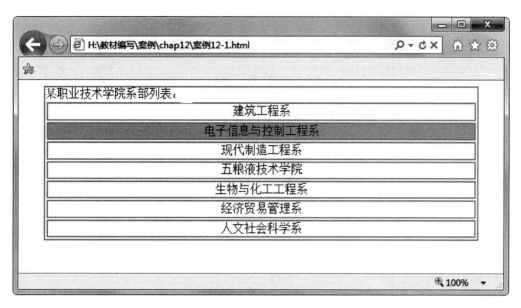

图 10-2　鼠标事件效果图

（5）Window 对象

Window 对象也称为窗口对象，代表浏览器的整个窗口，编程人员可以利用 Window 对象来控制浏览器的各个方面。每一个打开的浏览器窗口都存在一个 Window 对象，描述窗口文档信息和有关窗口的信息，例如状态栏的显示信息、弹出对话框、窗口的位置等信息。

Window 对象和其他对象一样，也提供了许多属性和方法，利用这些属性和方法，再配合一些相应的事件，就可以实现浏览器窗口的许多功能。表 10-3 是 Window 对象的常用属性及方法。

表 10-3　　　　　　　　　　　Window 对象常用属性及方法

属性/方法名	描述
closed	只读，存储窗口是否已经关闭，布尔值
defaultstatus	获取或设置状态栏信息
document	只读，引用 document 对象
history	只读，引用 history 对象
location	只读，引用 location 对象
navigator	只读，引用 navigator 对象
screen	只读，引用 screen 对象
parent	只读，指向包含本窗口或帧的窗口，如果本窗口是顶层窗口，则指向自己

229

续表

属性/方法名	描述
self	指向窗口本身，和 window 属性相同
top	只读，指向本窗口的顶层窗口，如果本窗口是顶层窗口，则指向自己
screenLeft、screenTop、screenX、screenY	返回窗口的左上角，在屏幕上的 X、Y 坐标。
innerWidth、innerHeight	分别返回窗口文档显示区域的宽度和高度
outerWidth、outerHeight	分别返回窗口的外部宽度和高度
open( )	打开浏览器窗口
close( )	关闭浏览器窗口，无返回值
moveBy（x，y）	从当前位置移动指定距离，x 为水平移动距离，y 为垂直移动距离，单位为像素
moveTo（x，y）	移动到 x、y 指定的坐标位置，单位为像素
scrollBy（x，y）	将窗口内容滚动 x、y 指定的量，单位为像素
scrollTo（x，y）	将窗口内容滚动至 x、y 指定的位置，单位为像素
setTimeout（x，y）	设置普通定时器，x 为函数或字符串，y 为毫秒值
clearTimeout（x）	清除普通定时器，x 为启动的普通定时器
setInterval（x，y）	设置周期定时器，x 为函数或字符串，y 为毫秒值
clearInterval（x）	清除周期定时器，x 为启动的普通定时器

浏览器窗口状态栏设置，代码如【案例 10-2】所示。

【案例 10-2】

```html
<html>
    <head>
        <meta http-equiv="Content-Type" content="text/html; charset=utf-8" />
        <title>状态栏操作</title>
    </head>
    <body>
        <script type="text/javascript" >
        window.defaultStatus="状态栏操作案例";
        </script>
    </body>
</html>
```

使用 IE 浏览器运行【案例 10-2】，运行结果如图 10-3 所示。

图 10-3　状态栏操作效果图

单击按钮，倒计时关闭窗口，代码如【案例 10-3】所示。

【案例 10-3】

```
<html>
    <head>
        <meta http-equiv="Content-Type" content="text/html; charset=utf-8" />
        <title>倒计时关闭窗口</title>
        <script type="text/javascript">
        waitTime=10000;
        function closewin()
          {
            timer=setInterval（timer, 1000）;
          }
        function timer()
          {
          waitTime=waitTime-1000;
          if（waitTime==0）
            {
              window.close();
              clearInterval（timer）;
            }
```

```
        document. form1. closew. value=waitTime/1000+" 秒";
        }
    </script>
</head>
<body>
    <form name="form1" method="get" >
        <input type="button" name="closew" value="关闭窗口" onclick=
"closewin( )" />
    </form>
</body>
</html>
```

使用 IE 浏览器运行【案例 10-3】，运行结果如图 10-4 所示。

图 10-4　倒计时关闭窗口效果图

自定义打开窗口，当用户在窗口中输入要打开窗口的地址，输入窗口的宽和高，以及选择打开窗口的相关属性的复选框，再根据输入的相关属性打开窗口。此程序需要用到 open 方法。open 方法的语法格式为：window. open（URL，name，specs，replace），具体参数见表 10-4 所示。

表 10-4　　　　　　　　　　　open 方法参数说明表

参数	说明
URL	可选。打开指定的页面的 URL。如果没有指定 URL，打开一个新的空白窗口
name	可选。指定 target 属性或窗口的名称。支持以下值： • _ blank：URL 加载到一个新的窗口，这是默认 • parent：URL 加载到父框架 • _ self：URL 替换当前页面 • _ top：URL 替换任何可加载的框架集

续表

参数	说明
specs	可选。一个逗号分隔的项目列表。支持以下值： • channelmode=yes｜no｜1｜0：是否要在影院模式显示 window。默认是没有的。仅限 IE 浏览器 • directories=yes｜no｜1｜0：是否添加目录按钮。默认是肯定的。仅限 IE 浏览器 • fullscreen=yes｜no｜1｜0：浏览器是否显示全屏模式。默认是没有的。在全屏模式下的 window，还必须在影院模式。仅限 IE 浏览器 • height=pixels：窗口的高度。最小值为 100 • left=pixels：该窗口的左侧位置 • location=yes｜no｜1｜0：是否显示地址字段。默认值是 yes • menubar=yes｜no｜1｜0：是否显示菜单栏。默认值是 yes • resizable=yes｜no｜1｜0：是否可调整窗口大小。默认值是 yes • scrollbars=yes｜no｜1｜0：是否显示滚动条。默认值是 yes • status=yes｜no｜1｜0：是否要添加一个状态栏。默认值是 yes • titlebar=yes｜no｜1｜0：是否显示标题栏。被忽略，除非调用 HTML 应用程序或一个值得信赖的对话框。默认值是 yes • toolbar=yes｜no｜1｜0：是否显示浏览器工具栏。默认值是 yes • top=pixels：窗口顶部的位置。仅限 IE 浏览器 • width=pixels：窗口的宽度。最小值为 100
replace	Optional. Specifies 规定了装载到窗口的 URL 是在窗口的浏览历史中创建一个新条目，还是替换浏览历史中的当前条目。支持下面的值： • true-URL：替换浏览历史中的当前条目 • false-URL：在浏览历史中创建新的条目

使用 open 方法自定义打开窗口的具体代码如【案例 10-4】所示。

【案例 10-4】

```html
<html>
    <head>
        <meta http-equiv="Content-Type" content="text/html; charset=utf-8" />
        <title>自定义打开窗口</title>
        <script type="text/javascript">
        function openwin()
        {
            var url=document.getElementById("url").value;
            var nameWin=document.getElementById("nameWin").value;
            var specs="";
            if(document.getElementById("location").checked==true)
                specs="location=yes";
```

```
else
    specs="location=no";
if (document.getElementById ("stat") .checked==true)
    specs+=", status=yes";
else
    specs+=", status=no";
if (document.getElementById ("scroll1") .checked==true)
    specs+=", scrollbars=1";
else
    specs+=", scrollbars=0";
if (document.getElementById ("menu") .checked==true)
    specs+=", menubar=1";
else
    specs+=", menubar=0";
specs+=", width=" +document.getElementById ("wid") .value;
specs+=", height=" +document.getElementById ("heigh") .value;
var win=window.open (url, nameWin, specs);
}
    </script>
</head>
<body>
    <form name="form1" method="post" >
        <p>地址：<input type="text" size="40" id="url" value="案例 10-
2.html" /></p>
        <p>
        窗口打开方式：
        <select id="nameWin" >
            <option selected="selected" >_ blank</option>
            <option>_ parent</option>
            <option>_ self</option>
            <option>_ top</option>
        </select>
        </p>
        <p>
            <input type=" checkbox" id="location" checked="checked" />：地
址栏
```

<input type="checkbox" id="stat" />：状态栏

      <input type="checkbox" id="scroll1" />：滚动条

      <input type="checkbox" id="menu" />：菜单

    </p>

    <p>

     宽：<input type="text" id="wid" size="20" />

      高：<input type="text" id="heigh" size="20" />

    </p>

    <p>

     <input type="button" size="10" value="确认" onclick="openwin
()" name="button" />

      <input type="reset" size="10" value="重填" name-"reset" />

    </p>

   </form>

  </body>

 </html>

使用 IE 浏览器运行【案例 10-4】，运行结果如图 10-5 所示。

图 10-5　open 方法效果图

10.1.3　案例实现

（1）案例分析

①结构分析。观察图 10-1，容易看出"京东秒杀"页面主要由三部分构成，分别是类别导航栏、秒杀开始时间栏和秒杀产品展示栏三部分。最外层用一个层实现整体内容布局，每一细项部分可以通过一个层实现布局。导航栏和秒杀开始时间栏通过无序列表完成。

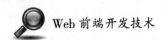

②样式分析。为最外层的层添加样式：完成对齐、宽度、高度等设置；分别为每一个内部层设置相应的样式；对每一项无序列表设置对应样式。

③效果分析。对秒杀时间进行判断，确定是否达到开始时间，同时确定结束时间，再分别获取系统小时、分钟和秒数并对它们进行处理，进而判断秒杀是否结束。

（2）案例实现

①页面实现。根据分析，使用相应的 HTML 标记来搭建网页结构，代码如下所示：

```html
<html>
    <head>
        <meta http-equiv="Content-Type" content="text/html; charset=utf-8" />
        <title>京东秒杀</title>
    </head>
    <body>
    <div class="box">
        <div class="top">
            <ul id="menutop" onmouseover="mouseover();" onmouseout="mouseout();">
                <li id="msitem">京东秒杀</li>
                <li>| </li>
                <li>电脑办公</li>
                <li>生活电器</li>
                <li>手机通讯</li>
                <li>大家电</li>
                <li>智能数码</li>
                <li>饮料酒水</li>
                <li>家居家装</li>
                <li>母婴童装</li>
                <li>食品生鲜</li>
            </ul>
        </div>
        <div class="timer">
            <ul>
                <li id="current1">
                    06：00    即将开始
                </li>
                <li id="current2">
                    08：00    即将开始
```

```
        </li>
        <li id="current3">
            10：00  即将开始
        </li>
        <li id="current4">
            20：00  即将开始
        </li>
        <li id="current5">
            22：00  即将开始
        </li>
    </ul>
</div>
<div>
    <img id="Content" src="image/ms06.jpg" />
</div>
</div>
</body>
</html>
```

②CSS 样式实现。搭建完页面的结构后，接下来通过 CSS 对页面的样式进行设计，代码如下所示：

```
@charset "utf-8";
/* CSS Document */
* {margin: 0; padding: 0;}
.box div {width: 1215px;}
.box
{
    width: 1215px;
    height: 520px;
    margin: 0 auto;
    border: #666 solid 2px;
}
.top ul
{
    list-style: none;
    border-bottom: #C00 solid 2px;
}
```

```css
.timer ul
{
    list-style: none;
}
.top li
{
    display: inline-block;
    padding: 15px;
}
#msitem
{
    font-size: 24px;
    color: #FFF;
    font-weight: bold;
    background-color: #C00;
}
.timer li
{
    display: inline-block;
    width: 230px;
    height: 60px;
    line-height: 60px;
    margin: auto;
    text-align: center;
    font-size: 16px;
    color: #000;
}
```

③JavaScript 效果实现。制作完页面的结构和 CSS 样式后，接下来通过 JavaScript 实现页面的动态效果，代码如下：

```javascript
var sh = setInterval (fresh, 1000);
function fresh()
{
    var starttime = new Date();
    var starthours = starttime.getHours();
    var id, hours = "06";
    var h, m, s;
```

```
switch （starthours）
  {
    case 6：
    case 7：
       id = " current1" ；hours = "06" ；break；
    case 8：
    case 9：
       id = " current2" ；hours = "08" ；break；
    case 10：
    case 11：
       id = " current3" ；hours = "10" ；break；
    case 20：
    case 21：
       id = " current4" ；hours = "20" ；break；
    case 22：
    case 23：
       id = " current5" ；hours = "22" ；break；
}
var contentimg = document. getElementById （ "Content" ）；
contentimg. src = " image/ms"  +hours+". jpg" ；
var currentli = document. getElementById （id）；
currentli. style. backgroundColor = "#c00" ；
currentli. style. color = " #fff" ；
currentli. style. fontSize = 20；
h = parseInt （hours） +2-starthours；
m = starttime. getMinutes( )；
s = starttime. getSeconds( )；
m = 56-m；
s = 56-s；
h = h-1；
h = "0"  +h；
if （s<10） s = "0"  +s；
if （m<10） m = "0"  +m；
 currentli. innerHTML = hours +" ：00 ； ；正在秒杀  ；距结
束" +h+" ：" +m+" ：" +s；
if （h< = 0）
```

```
        if （m<=0）
          if （s<=0）
            {
              currentli. innerHTML = "明日" +hours+"：00 ； ；即将开
始"；
              currentli. style. backgroundColor = " "；
              currentli. style. fontSize = 16；
              currentli. style. color = "#000"；
            }
        }
    function mouseover（）
    {
        var colors = document. getElementById （"menutop"）；
        colors. style. color = "red"；
        colors. style. cursor = "pointer"；
    }
    function mouseout（）
    {
        var colors = document. getElementById （"menutop"）；
        colors. style. color = "#000"；
    }
```

10.2　简单的计算器

10.2.1　案例描述

用户通过单击按钮在文本框上呈现点击的内容，也可以直接在文本框中输入内容，单击等号或按等号键后在文本框中得出运算结果。

10.2.2　知识引入

（1）键盘事件

键盘事件是指通过键盘动作触发的事件，常用于获取用户向页面输入的内容或者检查用户向页面输入的内容等。例如用户在年龄框中输入数据确认后检查数据是否合法。常用的键盘事件如表 10-5 所示。

图 10-6　简单的计算器运行效果图

表 10-5　　　　　　　　　　　　　　**常用键盘事件**

事件名	描述
onkeydown	当用户按下键盘上的某个按键时触发此事件（按下）
onkeyup	当用户按下键盘上的某个按键后弹起时触发此事件（弹起）
onkeypress	当用户输入有效的字符按键时触发此事件（按下并弹起）

当用户在文本框中输入 0~180 的数字时，弹出对话框提示"年龄输入合法"，当输入除 0~180 的数字时，弹出对话框提示"年龄输入不合法，请输入 0~180 之间的数字!"。代码如【案例 10-5】所示：

【案例 10-5】年龄确认

```
<html>
    <head>
    <meta http-equiv="Content-Type" content="text/html; charset=utf-8" />
    <title>有效年龄输入</title>
    <script type="text/javascript">
      function change()
        {
        var num=event.keyCode;
        if (num==13)
          {
          var age=document.getElementById ("age") .value;
```

```
        if（！isNaN（age）&& age>=0 && age<=180）
            alert（"年龄输入合法"）;
        else
            alert（"年龄输入不合法，请输入 0-180 之间的数字!"）;
        }
    }
</script>
</head>
<body>
    请输入年龄：<input type="text" id="age" onkeypress="change()" />
</body>
</html>
```

使用 IE 浏览器运行【案例 10-5】，当输入 80 时，运行结果如图 10-7 所示；当输入 230 时，运行结果如图 10-8 所示。

图 10-7   年龄输入效果图 1

图 10-8   年龄输入效果图 2

说明：①event 是 js 的一个对象，用于处理事件，它的属性 keyCode 就是激发这个事件的键盘的键码。②isNaN 是一个全局函数，用于检查某个值是否是数字，如果是数字，返回结果为 false，如果不是数字返回结果为 true。

（2）event 对象

event 中文即为事件的意思，HTML 文档中触发某个事件，event 对象将被传递给该事件的处理程序。event 对象存储了发生事件中键盘、鼠标、屏幕的信息，而这个对象由 window 的 event 属性引用。

event 对象作为参数传递给事件处理程序，所以事件处理程序可直接访问 event 对象。event 代表事件的状态，例如触发事件的元素、按下的键等。而且 event 对象只在事件发生的过程中才有效，这是不可忽略的。event 的某些属性只对特定的事件有意义。比如，fromElement 和 toElement 属性只有 onmouseover 和 onmouseout 事件有意义。不同浏览器对 event 对象模型定义不同，属性有区别，IE 的 event 对象属性如表 10-6 所示。

表 10-6　　　　　　　　　　JavaScript 常用 event 对象属性

属性名称	描述
altKey	布尔值，判断事件发生时是否按下 alt 键
ctrlKey	布尔值，判断事件发生时是否按下 ctrl 键
shiftKey	布尔值，判断事件发生时是否按下 shift 键
Button	检查按下的鼠标键
cancelBubble	检测是否接受上层元素的事件的控制
clientX、clientY	返回鼠标在窗口区域中的 X 坐标和 Y 坐标
fromElement	检测 onmouseover 和 onmouseout 事件发生时，鼠标所离开的元素
toElement	检测 onmouseover 和 onmouseout 事件发生时，鼠标所滑过的元素
keyCode	检测键盘事件对应的 Unicode 字符代码。这个属性用于 onkeydown、onkeyup 和 onkeypress 事件。本属性可读写，可为任何一个 Unicode 键盘内码。如果没有触发键盘事件，则属性值为 0
offsetX	检查相对于触发事件的对象，鼠标位置的水平坐标
offsetY	检查相对于触发事件的对象，鼠标位置的垂直坐标
scrElement	返回触发事件的对象，只读属性
type	返回事件名称

当鼠标定位到文本框、移动到按钮上或者鼠标单击按钮时，触发相应事件，并在提示文字后面显示相应触发的事件情况，代码如【案例 10-6】所示。

【案例 10-6】网页监视发生事件的元素

```
<html>
```

```
<head>
    <meta http-equiv="Content-Type" content="text/html; charset=utf-8" />
        <title>监视事件相关元素</title>
        <style type="text/css">
        #txt {font-weight: bold;}
        </style>
        <script type="text/javascript">
        function Event(x)
            {
            var txt;
            switch(x)
                {
                case 1:
                    txt=event.srcElement.name+"【发生了" +event.type+"事件】";
                    break;
                case 2:
                    txt=event.srcElement.name+"【发生了" +event.type+"事件】";
                    break;
                }
                document.getElementById("txt").innerHTML=txt;
            }
        </script>
    </head>
    <body>
        提示文字: <span id="txt"></span>
        <hr />
        <input type="text" id="a" name="文本输入框" onfocus="Event(1)" />
        <button name="按钮元素" onmouseover="Event(2)" onclick="Event
(1)">按钮元素</button>
    </body>
</html>
```

使用 IE 浏览器运行【案例 10-6】，单击按钮时，运行结果如图 10-9 所示；光标定位到文本框中，运行效果如图 10-10 所示。

（3）keyCode 键码对照表

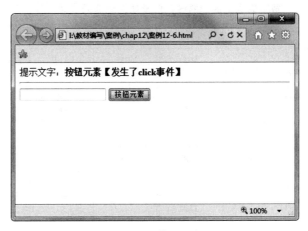

图 10-9　监视事件效果图 1

图 10-10　监视事件效果图 2

如表 10-7 至表 10-9 所示。

表 10-7　　　　　　　　　　字母和数字键的键码值

按键	键码	按键	键码	按键	键码	按键	键码
A	65	J	74	S	83	1	49
B	66	K	75	T	84	2	50
C	67	L	76	U	85	3	51
D	68	M	77	V	86	4	52
E	69	N	78	W	87	5	53
F	70	O	79	X	88	6	54
G	71	P	80	Y	89	7	55
H	72	Q	81	Z	90	8	56
I	73	R	82	0	48	9	57

表 10-8　　　　　　　　　数字键盘上的键的键码值及功能键键码值对照表

按键	键码	按键	键码	按键	键码	按键	键码
0	96	8	104	F1	112	F7	118
1	97	9	105	F2	113	F8	119
2	98	*	106	F3	114	F9	120
3	99	+	107	F4	115	F10	121
4	100	Enter	108	F5	116	F11	122
5	101	–	109	F6	117	F12	123
6	102	.	110				
7	103	/	111				

表 10-9　　　　　　　　　　　　　控制键键码值

按键	键码	按键	键码	按键	键码	按键	键码
BackSpace	8	Esc	27	Right Arrow	39	_	189
Tab	9	Spacebar	32	Dw Arrow	40	> .	190
Clear	12	Page Up	33	Insert	45	? /	191
Enter	13	Page Down	34	Delete	46	~ `	192
Shift	16	End	35	Num Lock	144	{ [	219
Ctrl	17	Home	36	: ;	186	| \	220
Alt	18	Left Arrow	37	+ =	187	}]	221
Cape Lock	20	Up Arrow	38	< ,	188	" '	222

10.2.3　案例实现

（1）案例分析

①结构分析。观察图 10-6，容易看出简易计算器页面主要由 3 部分构成，分别为上下文字标志部分、接收输入与输入提示文本框部分、计算器主要按键部分。

②样式分析。首先设置页面背景，然后对每个部分设置相应的样式，以实现图示效果。

③效果分析。分别设置文本框的按键事件和按钮的单击事件，对键"CE"和"C"调用相同的方法，实现清除输入内容。

（2）案例实现

①页面实现。

\<html\>

　　\<head\>

```
        <meta http-equiv="Content-Type" content="text/html; charset=utf-8" />
        <title>简单的计算器</title>
    </head>
    <body>
        <div id="big">
            <div id="top">
                <span id="title">JavaScript 计算器</span>
                <span id="author">某职业技术学院</span>
            </div>
            <div id="import">
                <div id="data">
                    <input type="text" id="dataname" onkeypress="evakey
() ">
                </div>
            </div>
            <div id="key">
                <input type="button" id="CE" onclick="clearnum() "
value="CE" class="buttons">
                <input type="button" id="C" onclick="clearnum() " value
="C" class="buttons">
                <input type="button" id="Back" onclick="back() " value
="Back" class="buttons">
                <input type="button" id="/" onclick="calc(this.id) "
value="/" class="buttons" style="margin-right: 0px">
                <input type="button" id="7" onclick="calc(this.id) "
value="7" class="buttons">
                <input type="button" id="8" onclick="calc(this.id) "
value="8" class="buttons">
                <input type="button" id="9" onclick="calc(this.id) "
value="9" class="buttons">
                <input type="button" id="*" onclick="calc(this.id) "
value="*" class="buttons" style="margin-right: 0px">
                <input type="button" id="4" onclick="calc(this.id) "
value="4" class="buttons">
                <input type="button" id="5" onclick="calc(this.id) "
value="5" class="buttons">
```

```
                    <input type="button" id="6" onclick="calc(this.id)"
value="6" class="buttons">
                    <input type="button" id="-" onclick="calc(this.id)"
value="-" class="buttons" style="margin-right: 0px">
                    <input type="button" id="1" onclick="calc(this.id)"
value="1" class="buttons">
                    <input type="button" id="2" onclick="calc(this.id)"
value="2" class="buttons">
                    <input type="button" id="3" onclick="calc(this.id)"
value="3" class="buttons">
                    <input type="button" id="+" onclick="calc(this.id)"
value="+" class="buttons" style="margin-right: 0px">
                    <input type="button" id="±" onclick="calc(this.id)"
value="±" class="buttons">
                    <input type="button" id="0" onclick="calc(this.id)"
value="0" class="buttons">
                    <input type="button" id="." onclick="calc(this.id)"
value="." class="buttons">
                    <input type="button" id="=" onclick="eva()" value="
=" class="buttons" style="margin-right: 0px">
            </div>
            <div id="bottom">
                <span id="welcome">欢迎使用 JavaScript 计算器</span>
            </div>
        </div>
    </body>
</html>
```

②CSS 样式实现。

```css
@charset "utf-8";
/* CSS Document */
* {
    margin: 0;
    padding: 0;
    box-sizing: border-box;
    font: 14px Arial, sans-serif;
}
```

```css
html {
    height: 100%;
    background-color: lightslategrey;
}
#big {
    margin: 15px auto;
    width: 330px;
    height: 470px;
    background-color: darkgrey;
    border: 1px solid lightgray;
    padding: 15px;
}
#top {
    height: 20px;
}
#title {
    float: left;
    line-height: 30px;
}
#author {
    float: right;
    line-height: 30px;
}
#import {
    margin-top: 15px;
}
#dataname {
    margin-top: 5px;
    width: 300px;
    height: 40px;
    text-align: right;
    padding-right: 10px;
    font-size: 20px;
}
#key {
    border: 1px solid lightgray;
```

```
height：293px；
    margin-top：25px；
    padding：16px；
}
. buttons  {
    float：left；
    width：52px；
    height：36px；
    text-align：center；
    background-color：lightgray；
    margin：0 18px 20px 0；
}
. buttons：hover {
    color：white；
    background-color：blue；
}
#bottom  {
    margin-top：20px；
    height：20px；
    text-align：center；
}
```

③JavaScript 效果实现。

```
var number = 0；   // 定义第一个输入的数据
function calc（number）
{
    //获取当前输入
    if（number=="%"）
{
            document. getElementById（'dataname'）. value = Math. round（document.
getElementById（'dataname'）. value）/100；
    }
    Else
    {
            document. getElementById（'dataname'）. value += document. getElementById
（number）. value；
        }
```

```
        }
    function eva( )
    {
        //计算输入结果
            document.getElementById（"dataname"）.value = eval（docu-
    ment.getElementById（"dataname"）.value）;
        }
    function clearnum( )
    {
        //清零
        document.getElementById（"dataname"）.value = "";
         document.getElementById（"dataname"）.focus( );
    }
    function back( )
    {
        //退格
        var arr = document.getElementById（"dataname"）;
        arr.value = arr.value.substring（0，arr.value.length - 1）;
    }
    function evakey( )
    {
        var num = event.keyCode;
        if（num == 13）
          eva( );
    }
```

10.3　简单注册验证

10.3.1　案例描述

　　表单的重要性在 HTML 部分已经学习过，有了表单，网页可以和服务器后台程序轻松交互。不仅如此，JavaScript 程序也可以和表单完成丰富的互动效果，例如在提交数据到服务器之前对用户填写的数据进行合法性检测。只有通过了 JavaScript 程序这一关，用户数据才可发放到服务器端进行处理。DOM 中的 form［］数组即代表页面中多个表单对象的集合。本小节即是完成简单用户注册客户端数据合法性检测。效果如图10-11 所示。

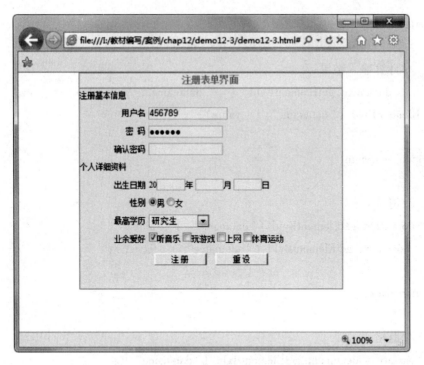

图 10-11　简单用户注册客户端效果图

10.3.2　知识引入

（1）表单事件

表单事件是指通过表单触发的事件。例如，在用户注册的表单中可以通过表单事件完成用户名长度、合法性、密码及验证码是否一致等有效性检查。表 10-10 列举了常用的表单事件。

表 10-10　　　　　　　　　　　常用表单事件

事件名	描述
onblur	当前元素失去焦点时触发此事件
onchange	当前元素失去焦点并且元素内容发生改变时触发此事件
onfocus	当某个元素获得焦点时触发此事件
onreset	当表单被重置时触发此事件
onsubmit	当表单被提交时触发此事件

（2）form 对象

form 对象代表一个 HTML 表单。在 HTML 文档中<form>每出现一次，form 对象就会被创建。表单用户通常用于收集用户数据，包含了 input 元素，如：文本字段、复选框、单选框、提交按钮等。表单也可以说是选项菜单，包括 textarea、fieldset、legend 和 label 元素。表单用于向服务端发送数据。表单的常用属性如表 10-11 所示。

表 10-11　　　　　　　　　　　表单常用属性

属性	描述
elements〔〕	包含表单中所有元素的数组
action	设置或返回表单的 action 属性
enctype	设置或返回表单用来编码内容的 MIME 类型
length	返回表单中的元素数目
method	设置或返回将数据发送到服务器的 HTTP 方法
name	设置或返回表单的名称
target	设置或返回表单提交结果的 frame 或 window 名

（3）location 对象

使用 location 属性引用 location 对象，对象本身仅用于访问当前 HTML 文档的 URL。location 也有一组属性和方法，常用属性如表 10-12 所示。

表 10-12　　　　　　　　　　location 对象常用属性与方法

属性名	描述
hash	URL 的锚标记部分，包含#符号部分
host	URL 的主机和端口号部分，即服务器目录、域名和端口（默认为 80）
hostname	URL 的主机部分，即服务器目录和域名
href	URL 的完整值
pathname	URL 的路径部分，即 HTML 文档在服务器目录的内部路径
port	URL 的端口号部分，默认为 80
protocol	URL 的协议部分，如 http、ftp
search	URL 的查询部分，即包含问号（?）的后面部分（#符号的前面部分）
reload（x）	用于重新加载页面，x 为布尔值可选参数，值为 true 时强制完成加载
replace()	使用 x 参数指定的页面替换当前的页面

显示当前所在页面的协议名、内部路径、完整 URL 等内容，单击显示按钮，显示文本框中的 URL 地址所指示的页面内容。代码如【案例 10-7】所示。

【案例 10-7】

```html
<html>
```

```
<head>
<meta http-equiv="Content-Type" content="text/html; charset=utf-8" />
<title>location 对象应用</title>
<script type="text/javascript">
    function display (x)
      {
        var txt;
        var txt2=document.getElementById ("txt2") .value;
        switch (x)
          {
          case 1:
            txt=window.location.protocol;
            break;
          case 2:
            txt=window.location.pathname;
            break;
          case 3:
            txt=window.location.href;
            break;
          case 4:
            txt=window.location.href;
            window.frames [0] .location.href=txt2;
            break;
          default:
            txt="";
          }
          document.getElementById ("txt") .innerHTML=txt;
      }
</script>
</head>
<body>
    <span id="txt" ></span>
    <hr/>
    <button onclick="display (1);" >协议名</button>
    <button onclick="display (2);" >内部路径</button>
```

```
<button onclick = " display （3）;" >完整 URL</button>
<hr/>
<input type = "text" id = "txt2" value = "index. htm" size = "30" />
<button onclick = " display （4）;" >显示</button>
<hr/>
<iframe name = " ifr" id = " ifr" width = "400" height = "120" ></iframe>
</body>
</html>
```

使用 IE 浏览器运行【案例 10-7】，运行效果如图 10-12 所示。

初始界面　　　　　　　　　　　　　　单击 "协议名" 按钮

单击 "完整URL" 和 "显示" 按钮　　　　　　单击 "内部路径" 按钮

图 10-12　location 对象应用效果图

（4）history 对象

history 对象比较简单，仅存储了最近访问过的网址列表。多用于操纵浏览器的 "前进" 和 "后退"，与浏览器本身的前进后退一致。常用属性和方法如表 10-13 所示。

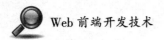

表 10-13   **history 对象常用属性和方法**

属性/方法名	描述
length	当前 history 对象所存储的 URL 个数
back( )	返回上 1 个页面，与浏览器的"后退"按钮功能一致
forward( )	前进到浏览器访问历史的前 1 个页面，与浏览器的"前进"按钮功能一致
go（x）	跳转到访问历史中 X 参数指定的数量的页面，如 go（-1）代表后退 1 个页面

建立"前进"和"后退"按钮，用以模仿浏览器的"前进"和"后退"按钮。代码如【案例 10-8】所示。

【案例 10-8】历史对象 history 的用法

```html
<html>
<head>
    <meta http-equiv="Content-Type" content="text/html; charset=utf-8" />
    <title>history 对象应用</title>
    <script type="text/javascript">
        function goback()
          {window.history.back();}
        function goforward()
          {window.history.forward();}
    </script>
</head>
<body>
    <h3>history 历史对象示例</h3>
        <hr/>
    <form>
        单击下面按钮前进一页或后退一页
        <hr/>
        <input type="button" value="前进" onclick="goback() " />
        <input type="button" value="后退" onclick="goforward() " />
    </form>
</body>
</html>
```

使用 IE 浏览器运行【案例 10-8】，运行效果如图 10-13 所示：

10.3.3 案例实现

（1）案例分析

图 10-13 history 对象应用效果图

①结构分析。用户注册主要包括 3 个方面的内容，分别是注册基本信息、个人详细资料和具体操作，注册基本信息部分由文本框和密码框控件组成，详细资料部分由文本框、单选按钮、下拉列表框及复选框组成，具体操作由按钮构成。

②样式分析。对文本框、密码框、下拉列表框控件分别设置背景色，并对文字及排版进行相应布局。

③效果分析。文本框、密码框接收内容的长度不超过 6 个字符，密码和确认密码必须一致，出生日期只能接收数字字符，单选按钮与筛选按钮分别分组。

（2）案例实现

①页面实现。

```html
<html>
<head>
    <meta http-equiv="Content-Type" content="text/html; charset=utf-8" />
    <title>简单用户注册</title>
</head>
<body>
<div id="all">
    <div id="dp">注册表单界面</div>
    <form method="post" action="#" onsubmit="return (Submit (shis));" name="form1">
        注册基本信息
        <table border="0" cellspacing="5" cellpadding="5" class="tb">
            <tr>
```

```
        <td class="left" >用户名</td>
            <td><input type="text" class="txt" size="15" name=
"userName" onchange="text（1）;" /></td>
        </tr>
        <tr>
        <td class="left" >密     码</td>
            <td><input type="password" class="txt" size="15" name=
"pwd" onchange="text（2）;" </td>
        </tr>
        <tr>
        <td class="left" >确认密码</td>
            <td><input type="password" class="txt" size="15" name=
"repwd" onchange="text（3）;" </td>
        </tr>
    </table>
    个人详细资料
    <table border="0" cellspacing="5" cellpadding="5" class="tb" >
      <tr>
        <td class="left" >出生日期</td>
            <td>20<input type="text" size="2" maxlength="2" class=
"txt" name="year" onchange="test（3）;" onkeyup="Key（this）;" />年
                <input type="text" size="2" maxlength="2" class="txt"
name="month" onchange="test（4）;" onkeyup="Key（this）;" />月
                <input type="text" size="2" maxlength="2" class="txt"
name="day" onchange= test（5）;" onkeyup="Key（this）;" />日
            </td>
        </tr>
  <tr>
  <td class=" left" >性别</td>
                <td><label><input type=" radio" checked="checked" name
=" sex" value="1" />男</label>
  <label><input type="radio" name=" sex" value="2" />女</label>
                </td>
        </tr>
        <tr>
  <td class=" left" >最高学历</td>
```

```
                        <td>
<select>
<option value="研究生" selected="selected" class="green" >研究生</option>
<option value="大学" >大学</option>
<option value="高中/职高" class="green" >高中/职高</option>
<option value="初中及以下" >初中及以下</option>
                    </select>
                </td>
            </tr>
            <tr>
                <td class="left" >业余爱好</td>
                <td>
                    <label><input checked="checked" type="checkbox" name=
"fav" value="1" />听音乐</label>
                    <label><input type="checkbox" name="fav" value="2" />玩游
戏</label>
                    <label><input type="checkbox" name="fav" value="3" />上网
</label>
                    <label><input type="checkbox" name="fav" value="4" />体育
运动</label>
                </td>
            </tr>
        </table>
        <div id="bottom" >
            <input type="submit" value="注册" class="btn" />
            <input type="reset" value="重设" class="btn" />
        </div>
        <div id="Submit" ></div>
    </form>
</div>
</body>
</html>
```

②CSS 样式实现。

```
* {margin：0px；padding：0px；}
body，textarea {font-size：12px；}
#all
```

```
{
    width: 400px;
    height: 320px;
    margin: 0px auto;
    line-height: 1.8em;
    background-color: #eee;
    border: 1px solid #40984c;
}
#top
{
    background-color: #e9f6e5;
    border-bottom: 1px solid #40984c;
    text-align: center;
    color: #40984c;
    font-size: 14px;
    font-weight: bold;
}
.left
{
    text-align: right;
    width: 25%;
}
.tb {width: 100%;}
fieldset
{
    border: 1px solid #a3bfa8;
    width: 90%;
    margin-left: 20px;
}
.txt, textarea
{
    border: 1px solid #a3bfa8;
    background-color: #e9f6e5;
}
.green {background-color: #e9f6e5;}
#bottom {text-align: center;}
```

.btn

｛

width：80px；

margin：5px；

border-bottom：1px solid #40984c；

｝

#Submit

｛

text-align：center；

color：#d00；

｝

③JavaScript 效果实现。

```
function text（x）

｛

    document. getElementById（"Submit"）. innerHTML=""；

    var v=new Array()；

    for（var i=0；i<document. form1. elements. length；i++）

      ｛

        v［i］=document. form1. elements［i］. value；

      ｝

    switch（x）

      ｛

        case 1：

          if（v［0］. length>6）

            ｛

              document. getElementById（"Submit"）. innerHTML="用户名长度不能
大于6个字符"；

              document. form1. elements［0］. value=""；

            ｝

          break；

        case 2：

          if（v［1］. length>6）

            ｛

              document. getElementById（"Submit"）. innerHTML="密码长度不能大
于6个字符"；

              document. form1. elements［1］. value=""；
```

```
            }
          break;
       case 3:
          if (v [2] ! = = v [1] )
            {
               document. getElementById ("Submit") . innerHTML = "确认密码和密码
不一致";
               document. form1. elements [2] . value = "";
            }
          break;
       }
   }
function Key (x)
   {
       x. value = x. value. replace (/ [^0-9. ] /g, ");
   }
function Submit (x)
   {
       var v = new Array( );
       for (var i = 0; i < x. elements. length; i++)
         {
           v [i]  = x. elements [i] . value;
         }
       for (i = 0; i < 5; i++)
         {
           if (v [i]  = = "" )
             {
               document. getElementById (" Submit") . innerHTML = "请将资料填写完
整";
               return false;
             }
         }
   }
```

参考文献

［1］郭小琛．1+X 证书 Web 前端开发试点探索与实践［J］．福建电脑，2020，36（05）：32-34.

［2］曾秋玲．基于 Web 前端开发技术的课程教学模式创新分析［J］．中国多媒体与网络教学学报（上旬刊），2020（06）：119-120.

［3］时明．Web 主流前端开发框架研究［J］．信息记录材料，2020，21（05）：215-216.

［4］单斌．Web 前端开发技术以及优化策略分析［J］．数字技术与应用，2020，38（04）：83-84.

［5］龙熠．互联网时代背景下的 Web 前端技术开发课程教学创新路径分析［J］．信息记录材料，2020，21（04）：229-230.

［6］钟琨．基于网站制作的 Web 前端开发技术与优化［J］．数字技术与应用，2020，38（01）：58-60.

［7］张志敏．基于 HTML5 的 Web 前端开发技术研究［J］．山东农业工程学院学报，2019，36（12）：21-22.

［8］张梅樱．Web 前端开发技术人才培养模式研究［J］．科技资讯，2019，17（33）：17-18.

［9］肖静．"1+X"证书背景下中职信息专业教学内容的优化——以 Web 前端开发证书和网页设计与开发课程为例［J］．西部素质教育，2020，6（11）：124-125.

［10］刘颖．计算机网页设计中图像处理技术的应用分析［J］．计算机产品与流通，2020（07）：9.

［11］张姝．网页设计中计算机图像处理技术的应用［J］．中外企业家，2020（16）：133-134.

［12］曲小纳．基于 PHP 技术与 MYSQL 数据库技术的 Web 动态网页设计［J］．电脑知识与技术，2020，16（13）：50-51.

［13］许晓峰．HTML5 和 CSS3.0 在网页设计中的优势特性与应用［J］．电脑知识与技术，2020，16（13）：275-276.

［14］李波．网页设计中 Flash 动画交互性的视觉表现研究［J］．课程教育研究，2020（18）：234-235.

［15］胡文利．智能手机平台下的网页设计与制作教学改革［J］．计算机产品与流通，2020（04）：217.

［16］李明键，禹英花．高校门户网站建设探析［J］．中外企业家，2020（18）：

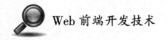
223.

　　［17］何莉．响应式动态网站建设的策略探析［J］．数字通信世界，2020（06）：125-126.

　　［18］吕淑艳，张文博．高校门户网站建设研究［J］．信息技术与信息化，2020（04）：134-136.

　　［19］管东升，赵娟．我国政府网站集约化建设的探究［J］．信息系统工程，2020（04）：129-130.

　　［20］张蕾．高职院校综合实训类课程应用混合式教学的研究与实践——以"网站建设综合实训"课程为例［J］．工业技术与职业教育，2020，18（01）：69-72.

　　［21］刘先花．高职基于"1+X"证书的《动态网站建设》课程建设研究［J］．电脑知识与技术，2020，16（09）：108-110.

　　［22］蒲素清，罗云梅，李缨来．我国统计源核心期刊官方网站建设情况分析及其在国内主要搜索引擎平台中的排位情况［J］．编辑学报，2020，32（01）：72-75.

　　［23］传智播客高教产品研发部．HTML+CSS+JavaScript 网页制作案例教程［M］．北京：人民邮电出版社，2015.